新型农民科技人才培训教材

现代玉米生产
实用技术

张翠翠　史凤琴　主编

U0306611

中国农业科学技术出版社

图书在版编目（CIP）数据

现代玉米生产实用技术／张翠翠，史凤琴主编．—北京：中国农业科学技术出版社，2011.10

ISBN 978 - 7 - 5116 - 0659 - 4

Ⅰ.①现…　Ⅱ.①张…②史…　Ⅲ.①玉米 - 栽培技术　Ⅳ.①S513

中国版本图书馆 CIP 数据核字（2011）第 180573 号

责任编辑	贺可香
责任校对	贾晓红　郭苗苗

出 版 者	中国农业科学技术出版社
	北京市中关村南大街 12 号　邮编：100081
电　话	（010）82106638（编辑室）　（010）82109704（发行部）
	（010）82109709（读者服务部）
传　真	（010）82106624
网　址	http://www.castp.cn
经 销 者	各地新华书店
印 刷 者	北京富泰印刷有限责任公司
开　本	850mm ×1 168mm　1/32
印　张	4.375
字　数	118 千字
版　次	2011 年 10 月第 1 版　2016 年 11 月第 8 次印刷
定　价	13.00 元

《现代玉米生产实用技术》
编委会

主　　编　张翠翠　　史凤琴

副 主 编　张清雅　　苏冬梅　　张佳龙　　郑艳丽

编　　者　（按姓氏笔画排序）

　　　　　许小虎　　乔子辰　　康俊英

前　言

科学技术是第一生产力。我国农业人口众多，农民是发展现代农业的主体力量，其科技水平的高低直接影响农业现代化进程。因此必须加强农民科技培训，增强农民对现代农业生产技术的承接、应用和转化能力，进一步促进农业增效、农民增收、农产品市场竞争力增强，为全面建设小康社会提供坚强的人才保障和智力支撑。

玉米是我国三大粮食作物之一，我国也是世界第二大玉米生产国。在我国，玉米是粮、经、饲兼用的作物，其用途已渗透到工农业的各个方面。但是目前我国玉米平均单产水平不高，玉米生产中还存在着用种单一、栽培技术滞后、成产成本高、机械化程度不高、抗灾减灾能力较差等问题。以科学理论和规范的技术作指导，不断克服玉米生产中的难题，将会使玉米生产高产高效。

《现代玉米生产实用技术》的编写，力求实用性、通俗性和先进性，强调适合农村特点，做到让农民看得懂、用得上。本书主要介绍了现代玉米生产概况、现代玉米生产的播种技术、现代玉米生产的科学施肥技术、现代玉米生产田间管理技术、现代特用玉米生产技术、现代玉米生产病虫草害防治技术、现代玉米收获及加工技术和现代玉米机械化生产技术。鉴于我国地域广阔，生产条件差异大，各地在使用本教材时，应结合本地区生产实际进行适当选择和补充。

本书在编写过程中参考引用了许多文献资料，在此谨向其作者深表谢意。由于我们水平有限，书中难免存在疏漏和错误之处，敬请专家、同行和广大读者批评指正。

编　者

2011 年 6 月

目　录

第一章　现代玉米生产概况

一、玉米生产概况及发展趋势

玉米为禾本科玉米属一年生草本植物，不同地区人们对其叫法有玉蜀黍、包谷、棒子、包米和珍珠米等。在全世界玉米播种面积仅次于小麦和水稻，是世界三大粮食作物之一；在我国其种植面积很大，2009年达到3 118.26万公顷，超过了水稻的种植面积，我国也成了世界上仅次于美国的第二大玉米生产国和消费国，玉米生产对整个国民经济的发展有着巨大的影响。

（一）玉米生产的重要性

1. 玉米的用途广泛

玉米是粮、经、饲兼用的作物，其用途已渗透到工农业的各个方面。

（1）食用　玉米籽粒含有丰富的营养。玉米的蛋白质含量高于大米，脂肪含量高于面粉、大米和小米，热含量高于面粉、大米及高粱。在边远地区，玉米是重要的食粮；在城市及较发达地区，玉米是调剂口味不可缺少的食品。随着食品加工工艺的发展，新的玉米加工食品如玉米片、玉米面、玉米碴、特制玉米粉、速食玉米等随之产生，并可进一步制成面条、面包、饼干等。

（2）工业加工原料　玉米是重要的工业原料作物，其深加工产品已超过3 000种。如：玉米是目前世界上淀粉生产利用最多的原料，在淀粉生产中占有重要位置；以玉米为原料的制糖工业正在蓬勃发展，玉米制糖的品种、产量和应用大大增加，玉米

· 1 ·

将成为21世纪主要的制糖原料；玉米是发酵工业的良好原料，利用玉米浸泡液、粉浆等发酵可生产酒精、啤酒等；玉米油富含维生素E，是由玉米胚加工制得的植物油脂，主要由不饱和脂肪酸组成。玉米油中的谷固醇具有降低胆固醇的功效，维生素E有抗氧化作用，可防治干眼病、夜盲症、皮炎、支气管扩张等多种功能，并具有一定的抗癌作用。

另外，玉米还可生产降解地膜、可降解塑料、液体燃料等；玉米秸秆、穗轴可用于生产食用菌，苞叶可用于编制提篮、坐垫等工艺品。

（3）饲用　玉米是理想的饲料，玉米以产量高且营养丰富而被誉为"饲料之王"，籽粒和茎叶都是优质饲料，在畜禽饲料中占有重要地位。一是玉米籽粒是家畜、家禽的上等精饲料，一般每100千克玉米籽粒的饲用价值相当于燕麦135千克、高粱120千克、大麦130千克、稻谷150千克。随着饲料工业的发展，玉米作为浓缩饲料和配合饲料的主要原料被广泛应用；二是玉米秸秆是良好的粗饲料，特别是牛的高能饲料，在畜牧业发达的国家，玉米青贮饲料早已成为肉牛育肥的强化饲料。

2. 玉米是高产作物之王

玉米是高产作物，当前出现的高产纪录有：春玉米（美国，2002年）27 742.5千克/公顷（折合每亩1849.5千克），我国内蒙古赤峰地区，2009年万亩灌区玉米高产创建示范田平均产量达到1 002.15千克/亩，百亩玉米超高产创建示范田最高亩产1 282千克/亩；夏玉米（山东莱州，2005年），21 042.9千克/公顷（折合每亩1 402.86千克），河南浚县2005年夏玉米15亩连片，产量1 006.5千克/亩。

（二）玉米生产概况和发展趋势

1. 世界玉米生产概况

全世界有100多个国家生产玉米，但大部分国家面积不大。玉米是美国最重要的粮食作物，产量约占世界总产量的40%，其中约2/5外销；巴西、墨西哥和阿根廷是南美传统玉米生产国，产量长期稳定在世界总产量的10%左右；欧洲玉米生产主要集中在西欧，其产量占世界总产量的10%左右。玉米在国民经济和人民生活中的地位越来越高，人均占有量已成为衡量一个国家畜牧业和生活水平的标准之一。

2. 我国玉米生产现状

我国是玉米生产大国，玉米种植面积和总产量居世界第二位，总产量约占世界总产量的20%，仅次于美国。随着高产、抗逆的优良玉米杂交种不断选育成功与推广，水利设施的不断完善，栽培管理水平的提高，以及养殖业、加工业大量需求的拉动，我国的玉米种植面积迅速扩大，产量急剧增长。目前玉米产量约占全国粮食总产量的1/4，仅次于小麦和水稻居第三位。据统计，2009年我国玉米种植面积达3 118.26万公顷，总产量为1.57亿吨，连续三年增产。

3. 我国玉米生产中存在的问题

（1）用种单一 近年来全国每年审定品种虽达上百个，但生产上能真正大面积推广品种却寥寥无几，玉米生产上无论是夏播区还是北方春播区郑单958、先玉335等少数品种及其类似的衍生品种占了很大比例，玉米生产存在潜在的粮食生产安全隐患。

（2）栽培技术滞后，生产成本高 在栽培技术方面，缺乏合理轮作，片面强调施用化肥，忽视有机肥的施用，造成土壤板结和土壤肥力下降，影响玉米产量的进一步提高，再加上我国农业生产仍以家庭为单位，生产规模小、机械化程度低、成本高，尽管国家收购价格较高，但农民的收入仍很低。

（3）机械化程度不高 受土地个人承包所有制的制约，玉米生产中农机具水平不高；玉米收获机械制造企业规模普遍偏小，生产批量不大；适应机械化生产的玉米品种较少；玉米种植标准化程度低，不同地区玉米种植技术和行距不同，农机与农艺配套难，机器难以大范围跨区作业。诸多因素造成目前玉米生产机械化程度不高。

（4）品质较差，缺乏竞争力　优质专用玉米育种在我国相对滞后，造成我国玉米品质和专用性相对较差，且玉米深加工技术、设备滞后，加工成本高、品种少、档次低，在国际市场缺乏竞争力。

（5）抗灾减灾能力不强　长期以来我国玉米生产面临病虫及灾害性天气的严重危害。随着环境的日益恶化和国际间种质交流的日益频繁，新老病害的蔓延此起彼伏，近年来丝黑穗病、青枯病、弯孢菌叶斑病、灰斑病和南方的纹枯病、锈病都有扩大之势，局部地区已造成严重危害；玉米的虫害，特别是玉米螟和地下害虫是玉米生产中的"老大难"问题，多年来靠药剂防治，导致严重的环境污染；近几年，自然灾害频繁发生，暴雨、洪水、干旱、冰雹等频频光顾，造成玉米生产成灾面积不断扩大。

4. 我国玉米生产发展趋势

（1）选育推广具突破性、创新型、多样性优良品种　选育具有一定生产潜力，而又能使生产的投入和损失减少到最低限度的经济高效型高产品种，不是以追求单纯的高产为目的，而是把资源节约、环境保护、综合抗性和广泛的适应性集于一体的高产品种。例如，它们有高的经济系数，极低的空秆率、秃尖率和倒折率，有高度的抗病性和抗虫性，有极强的抗旱性和耐瘠性等等；同时选育高产、优质、专用玉米良种，满足不同用途的需求。

（2）充分挖掘玉米增产潜力　采用优良品种和配套适用栽培技术，创造一个适宜的物质投入和科技投入环境，充分发挥措施效益，把先进的配套适用技术和传统的精细农艺结合，良田、良种、良法配套，组建新型的耕作栽培技术体系，树立"七分种，三分管"玉米高产新观念，做好播前准备，包括深耕改土、精细整地、精选良种、浸种消毒，实现一播全苗，让玉米沿着理想型的预定优化途径发展，实现玉米的高产量、高效益。

（3）发展畜牧业和深加工业，实现"种、养、加"相结合 玉米是一种可以持续利用的周期短、产量高的可再生资源，其综合利用有两个主要方向：供作畜禽饲料，即"过腹"转化；按玉米所含成分加工成工业产品，即"过机"转化。我们应借鉴发达国家对玉米资源开发利用的理念，转变对玉米资源粗放的、单一的利用，对玉米资源进行精深开发利用，如发展玉米饲料工业、酒精工业、淀粉工业、高果糖浆及甜味剂等深加工业，充分挖掘利用其多种价值属性，大大提高玉米资源的附加值。

（4）发展玉米机械化收获 随着玉米产业的快速发展，规模经营模式的形成，实现玉米收获的机械化成为必然趋势。但目前我国玉米收获机械还应在以下方面加以改进：一是提高关键部件的通用性、互换性；二是提高玉米收获机与拖拉机配套性能；三是提高机具利用率，开发收获机专用动力平台，通过换装割台，实现一机多用；四是开发生产新型玉米收获机，满足市场多元化需求。

二、玉米生长发育特性

（一）玉米的一生

玉米从播种到成熟的天数称为玉米的一生。玉米的一生经历若干个生育时期和生育阶段来完成整个生活周期。

1. 生育期

玉米从播种至成熟的天数，称为生育期，一般需要 90～150 天。生育期长短与品种、播种期和温度等有关。

2. 生育时期

在玉米的一生中，受内外条件变化的影响，不论外部形态特征还是内部生理特性，均发生不同的阶段性变化，这些阶段性变化，称为生育时期。生产上常用到的生育时期如下所述。

播种期：播种的日期。

出苗期：第一片真叶展开的日期，这时苗高2～3厘米。

拔节期：茎基部节间开始伸长的日期。

抽穗期：雄穗主轴顶端从顶叶露出3～5厘米的日期。

开花期：雄穗主轴开花散粉的日期。

吐丝期：雌穗花丝伸出苞叶2～3厘米长的日期。

成熟期：雌穗苞叶变黄而松散，籽粒呈现本品种固有性状、颜色，种胚下方尖冠层处形成黑色层的日期。

生产上，通常以全田50%的植株达到以上标准的日期作为各生育期的记载标准。另外，还常用小、大喇叭口期作为田间管理的标准，小喇叭口期是指玉米植株有12～13片可见叶，9～10片展开叶，心叶形似小喇叭。小喇叭口期是指玉米植株叶片大部分可见，但未全展开，心叶丛生，上平中空，形似大喇叭口。

3. 生育阶段

玉米各器官的生长、发育具有一定的规律性和顺序性，依据玉米根、茎、叶、穗、粒先后发生的主次关系和生育特点，一般把玉米的一生划分为苗期、穗期、花粒期3个阶段。

（1）苗期阶段 玉米苗期是指从播种到拔节的一段时间，一般经历25～40天，包括种子萌发、出苗及幼苗生长等过程。苗期的长短因品种和气候条件不同而有很大差异。晚熟品种比早熟品种苗期长；同一品种，春播比秋播苗期长。苗期以根系生长为主，地上部生长较慢。到拔节时，玉米植株已基本形成强大的根系。因此，苗期田间管理的中心任务就是促进根系发育、培育壮苗，达到全田苗早、苗全、苗齐、苗壮的"四苗"要求，为丰产打好基础。

（2）穗期阶段 玉米植株从拔节至抽穗的这一段时间，称为穗期，一般为30～35天。这一时期包括一部分叶片的生长、节间的伸长、变粗，雌雄穗的分化等，总结其生育特点为：在叶片和茎秆旺盛生长的同时，雌雄穗生殖器官也正在分化发育，是营养生长与生殖生长并进阶段，也是玉米一生中生长最快的阶段。因此，这一时期田间管理的重点是调节植株生育状况，保证植株茎秆敦实的丰产长相，争取穗大、粒多。

（3）花粒期阶段　玉米从抽雄至籽粒成熟这一段时间，称为花粒期，一般需要 40 ~ 50 天。包括开花、授粉、结实和籽粒成熟等过程，玉米抽雄、散粉时，所有叶片均已展开，植株已经定型。该时期生育特点是：营养生长基本停止，进入以生殖生长为中心的阶段。这一时期田间管理的中心任务是保护叶片不损伤、不早衰，争取延长灌浆时间，实现粒多、粒重、高产的目标。

（二）玉米器官的生长发育对环境条件的要求

玉米植株包括根、茎、叶、花序和种子等 5 部分器官。

1. 种子构造及其萌发

（1）玉米种子的构成　玉米种子有种皮胚芽和胚 3 部分组成。种皮指玉米籽粒的外皮层，包裹着整个种子，具有保护作用；胚乳位于种皮里面，占种子总重量的 80% ~ 85%；胚位于种子基部，占种子总重量的 10% ~ 15%，由胚芽胚轴和胚根组成。

（2）萌芽和出苗对环境条件的要求　玉米种子在适宜的温度、水分和氧气条件下基本能萌发。播种后，出苗的快慢与温度和水分条件关系密切。当玉米种子吸收的水分相当于其本身干重的 48% ~ 50% 时，种子就可以萌发。适合玉米种子萌芽的土壤水分含量为田间最大持水量的 60% 左右；气温 10 ~ 12℃ 时，玉米种子发芽正常，所以常把土层 5 ~ 10 厘米的温度稳定在 10 ~ 12℃ 的时段作为玉米适时播种的温度指标。出苗的最适温度是 20 ~ 35℃，最高温度是 44 ~ 50℃。在适宜温度范围内，温度愈高，出苗愈快。

2. 根的生长对环境条件的要求

玉米的根系属须根系。土壤水分养分和温度等对玉米根系生长影响极大。一般土壤含水量达田间最大持水量的60%~70%，玉米根系生长发育良好。土壤干旱或受涝时，根系易老化甚至停止生长。地温20~24℃是根系生长较适宜的温度条件，当地温降到4~5℃时，根系完全停止生长。土壤缺肥，根系生长比较差，生理机能降低。所以，播种前精细整地，深耕施肥，苗期早中耕，勤中耕，中期培土和中耕等措施均可为玉米根系生长发育创造良好的水、肥、气、热条件，是玉米高产栽培的重要措施。

3. 茎的生长对环境条件的要求

玉米的茎秆粗壮，高大。不同品种及不同栽培条件。茎秆的高矮有差异。通常把株高在2米以下的品种称为矮秆品种，在2.5米以上的为高秆品种，株高在2~2.5米得称为中秆品种。目前生产上采用的品种大多为中秆品种。

玉米茎秆的生长受温度养分供应等因素影响。温度高，养分充足，则茎秆伸长迅速。最适宜茎秆生长的温度为24~28℃，低于12℃，茎秆基本停止生长。增施有机肥和适当施用氮肥，植株高度和重量增加。但是，肥水过多密度过大，通风条件较差时，易引起节间过度伸长，植株生长细弱，容易倒伏。因此，生产上应注意合理施肥灌水控制植株基部节间不过分伸长，增强抗倒能力。

4. 叶的生长

（1）叶的形态　玉米每个茎节上着生一片叶，一般着生15~24片叶。通常早熟品种茎秆长叶15~17片叶，中熟品种18~20片，晚熟品种20片以上。不同节位的叶对产量所起的作用有差别。一般中部叶片大于上部叶片，上部叶片又大于下部叶片，以穗位上下3片叶对产量的作用最大。

玉米叶片的着生姿态与植株对光能的利用有直接影响。一般认为，叶片上挺的株型光能利用率高。叶夹角小，叶片上挺，有利于密植。在同等管理水平下，具备这样株型的品种较易获得高产。

（2）叶生长对环境条件的要求

①光：玉米是短日照作物，光周期变化和光照强度对植株叶片的数量和大小都有影响。我国玉米北中南引，因日照变短，植株相应变矮，叶数减少，南种北移，因日照时数量增加，植株较高大，穗分化发育晚。②温度：气温的高低主要影响玉米叶片的出叶速度。③肥水条件：肥水条件可以影响叶片的大小和功能期的长短。在氮素营养适宜，水分充足时，叶面积增大，叶片光和强度大，寿命长；在氮素不足侯干旱时，叶片光合效率降低，叶片早衰，产量下降。

5. 雌雄穗的发育对环境条件的要求

玉米是雌雄同株异花授粉作物。玉米雄花序为圆锥花序，着生于茎秆顶部。雌花序为肉穗状花序，又称雌穗。果穗籽粒行数都呈偶数，一般为10～18行。

（1）水分　在穗分化期间需要充足的水分。缺水容易出现秃顶和秕粒。在穗分化期间，土壤含水量应保持在田间最大持水量的70%左右，才有利于穗分化顺利进行，促进穗粒大粒多。

（2）矿质营养　在穗分化发育期间，植株吸收的养分应占总吸收养分的50%左右。氮、磷、钾三要素配合施用，有利于促进果穗生长。但在氮素充足，磷缺乏时，穗分化速度迟缓，开花延迟，籽粒数目减少，空穗增多。尤其是雄穗进入四分体时期，对水、肥、温反应敏感，这是决定花粉粒形成多少、生活力高低的关键时期，同时又是雌穗小花分化期，及时追肥、灌水，并有充足的光照，能促进花粉粒发育，提高结实率。

6. 开花授粉与籽粒形成

（1）开花授粉与籽粒形成过程　玉米雄穗抽出2～5天后开始开花。雄穗花朵全部开完历时5～9天，开始的2～4天开花散粉最多。在适宜条件下，玉米花粉活力可保持24～48小时。花粉借风力传播，传播范围可达200～250米，花粉粒不丧失受精能力。

玉米雌穗吐丝一般比雄穗抽雄晚2～5天，花丝抽出即可授粉。以花丝抽出后1～4天授粉能力最强，以后逐渐降低，到10

天后慢慢丧失能力，15 天后花丝授粉能力完全丧失。花丝任何部位都具有授粉能力。花粉落在花丝上大约 2 小时开始发芽，授粉后经 20 ~ 25 小时即可完成受精作用。此后，花丝停止生长，枯萎变褐。

玉米籽粒形成过程可分为 3 个时期：①乳熟期：此期玉米籽粒的胚乳由乳汁状渐变为浆糊状，籽粒体积达到最大，重量达到完熟期的 60% ~ 70%。这时胚具有发芽能力，但不能收获做种。②蜡熟期：此期玉米粒处于失水阶段。籽粒含水量由 40% 降至 20%，胚乳由糊状变为凝蜡状。这时若为了抢种下茬作物，可以连植株一起收获，以待后熟。③完熟期：苞叶干枯松散，籽粒渐变发亮，具备原品种种子的一切特征，是收获的适宜时期。

（2）开花授粉对环境条件的要求

①温度：玉米抽雄开花期要求日平均温度在 25 ~ 28℃。这是玉米一生中对温度要求最高的时期；籽粒形成和灌浆期间，要求日平均温度保持在 20 ~ 24℃，如低于 16℃ 或高于 25℃，养分的积累和运转将受影响，造成籽粒不饱满。特别是有些地区常因此时的干热风造成"高温逼熟"，致使籽粒中水分迅速散失，养分停止积累，籽粒皱缩干瘪，千粒重降低，严重影响产量。

②水分：玉米开花期要求大气相对湿度 65% ~ 90%，土壤水分保持在田间最大持水量的 70% ~ 80%。此时如遇干旱，雄穗抽不出，雌穗发育延缓，甚至使雌雄穗开花授粉脱节，造成授粉不良，缺粒秃顶严重，导致减产。籽粒灌浆时，水分充足，可延长叶片功能期，籽粒灌浆饱满。蜡熟期以后，需水量下降，要求土壤适当干燥，以利于成熟。

三、玉米产量构成与产量形成

（一）产量构成因素

玉米单位面积上的籽粒产量由单位面积的有效穗数、每穗粒数和粒重构成。计算产量的公式是：产量（千克/亩）＝（每亩有效穗数×每穗粒数×千粒重）/10^6。

在各个产量构成因素中，单位面积有效穗数和每穗粒数易受栽培条件的影响，变异幅度大。粒重主要受遗传因素制约，受栽培条件影响少，变化幅度最小。

（二）产量形成

从物质生产的角度来看，玉米籽粒产量的形成必须经过3个过程：第一，通过光合作用制造有机物，即要有形成产量的物质来"源"；第二，要有能容纳光合产物的籽粒，即要有贮藏物质的"库"；第三，要求运转系统能将光合产物运输给籽粒，即所谓"流"要顺畅。其中任何过程受阻，都会限制籽粒产量的形成。

1. 单位面积穗数

单位面积穗数决定于种植密度与平均每株穗数。在低密度范围内，单位面积穗数几乎与密度成正相关。因为，在此情况下，每株穗数受密度影响少，不出现空株率机率很少。当密度增加到一定程度后，穗数增加幅度逐渐降低，双穗率显著减少，空株率明显增加。所以，培育适宜密植的品种，通过密植增加单位面积穗数，对于提高玉米产量具有重要意义。

2. 每穗粒数

玉米每穗粒数是一项比较不稳定的因素，对产量的影响较大。每穗结实粒数与分化的大小花数有关。每穗分化的小花数是由品种特性所决定的。

3. 粒重

玉米不同品种的千粒重差异显著。但是，同一品种在不同条件下，千粒重比单位面积上的粒数和每穗粒数的变化幅度少得多。千粒重是比较稳定的产量构成因素。这是因为粒重决定于受精后胚和胚乳细胞数目的增加、体积的扩大和胚乳细胞干物质的累积过程。这期间的光照时间、温度和水肥供应等对粒重都有很大影响，加强后期管理是增加粒重的关键措施。

四、玉米生产类型与品种

（一）玉米的分类

玉米在长期的栽培过程中，由于对环境适应的变异与人类的定向选择，形成了种类较多的家族体系。依据不同的标准，可将玉米分为不同的类型。

1. 按生育期分类

（1）早熟种 一般春播 85 ~ 100 天，夏播 70 ~ 85 天，一生中要求的积温为 2 000 ~ 2 200℃，植株较矮，叶数 14 ~ 18 片，籽粒较小，千粒重 150 ~ 250 克，如垦单 8 号等。

（2）中熟种 一般春播 100 ~ 120 天，夏播 85 ~ 95 天，一生中要求的积温为 2 300 ~ 2 500℃，植株高度介于早熟和晚熟种之间，一般 16 ~ 20 叶，果穗大小中等，产量较高，千粒重 250 ~ 300 克，适应地区较广，如泽玉 19 号、丹玉 48 号等。

（3）晚熟种 一般春播 120 ~ 150 天，夏播 96 天以上，一生中要求的积温为 2 500 ~ 2 800℃，植株高大，叶数 21 ~ 25 片，籽粒大，千粒重约 300 克，如濮单 5 号等。

2. 按植株形态分类

（1）紧凑型 植株形态紧凑，叶片上举，穗位上茎叶夹角小于 15°，受光姿态好，适应密植，如郑单 958 等。

（2）平展型 植株形态松散，穗位上茎叶夹角大于 30°，不宜密植，如沈单 7 号、郑单 942 等。

（3）半紧凑型 处于上面二者之间，如农大 108 等。

3. 按籽粒结构及形态分类

可以分为硬粒型，马齿形、半马齿形，甜质型、糯质型、爆裂型、蜡纸型、有稃型、粉质型等。

4. 按品质分类

根据籽粒的组成成分及特殊用途,可将玉米分为特用玉米和普通玉米两大类。

普通玉米指最普遍种植、除特用玉米以外的玉米。特用玉米是指具有较高的经济价值和加工利用价值的玉米,这些玉米有各自的遗传因素,表现出具有特色的籽粒构造、营养成分、食用风味和加工品质,因而具有各自特殊的用途。常见的特用玉米有甜玉米、糯玉米、青贮玉米和爆裂玉米,新近发展起来的特用玉米有优质蛋白玉米、花粉玉米、高油玉米和高直链淀粉玉米等。

(二)玉米主要的优良品种

1. 普通玉米高产杂交种

根据农业部《农业主导品种和主推技术推介发布办法》,现对农业部组织遴选的 2011 年 26 个玉米主导品种(2 个重复)进行介绍。

(1)郑单 958 河南省农业科学院粮食作物研究所于 1996 年选育而成,2000 年通过全国农作物品种审定委员会审定。属中熟紧凑型玉米品种。植株高度在 241 厘米左右,穗位高 104 厘米左右,抗大斑病、小斑病及黑粉病、粗缩病,高抗矮花叶病,抗倒伏。适宜种植区域广,北方春玉米区和黄淮海平原夏玉米区均可种植。

(2)浚单 20 河南省浚县农业科学研究所选育,2003 年国家、河南省、河北省审定。夏播生育期 97 天,株高 242 厘米,穗位高 106 厘米,高抗矮花叶病,适宜在河南、河北中南部、山东、陕西、江苏、安徽、山西运城夏玉米区种植。

(3)鲁单 981 由山东省农业科学院育成,是经全国农作物品种审定委员会审定的中早熟、超高产玉米新品种。夏播生育期 100 天,株高 280 厘米,穗位高 120 厘米左右,高抗玉米叶斑病、茎腐病、粗缩病、黑粉病、青枯病,抗旱性强,抗倒伏,抗玉米螟,活秆成熟。适宜在山东、河南、河北、陕西、安徽、江苏、山西运城夏播区种植。

（4）金海 5 号　由莱州市金海作物研究所选育的中晚熟、大穗型玉米杂交种。该品种株型紧凑，根系发达，抗病性、抗倒伏性、抗旱性极强。夏播生育期 105 天左右，株高 257 厘米，穗位高 87 厘米。穗行数 16 行，果穗长筒型，穗轴浅红色，籽粒黄色，偏马齿形，千粒重 327 克，抗病性、高产、稳定性好。据农业部谷物品质监督检验测试中心分析，该品种粗蛋白含量 10.0%，粗脂肪含量 4.31%，赖氨酸含量 0.32%，粗淀粉 70.36%。一般大田产量 750～800 千克/亩，高肥水地块可有增至 1 000 千克/亩的产生潜力。适宜在黄淮海区春夏播，在南方、东北、西北玉米区宜春播。

（5）京单 28　是由北京市农林科学院玉米研究中心选育的高产、稳产、耐密、抗倒、抗旱型优良玉米品种。北京地区夏播 95 天，一般株高 223 厘米，穗位 80 厘米，籽粒黄色，半硬粒型，粗蛋白含量 9.47%，粗脂肪含量 4.01%，粗淀粉含量 74.82%，赖氨酸含量 0.25%，果穗长 17 厘米左右，穗粗 4.8 厘米，穗行数 12～14 行，千粒重 360 克，单株粒重 185 克，容重 746 克/升，出籽率 89%，在收获穗数 4 000 穗左右时，每亩产 570～720 千克。无倒伏，抗倒性极强，抗大斑病、小斑病、青枯病。适宜在北京、天津、河北省夏玉米种植区、内蒙古≥10℃活动积温 2 750℃以上的地区，以及黑龙江第一积温带上限种植。

（6）中科 11 号　最新国审竖叶中大穗型超高产品种，国家区试以郑单 958 做对照以来第一个比郑单 958 增产 5% 以上，国家两年三次试验产量均居第一名的"三连冠"品种，农业部重点推广品种。适宜密度 3 500～4 000 株/亩，中大穗，果穗均匀，结实性好，出籽率高；抗青枯病，中抗大斑病、小斑病、黑粉病，高抗矮花叶病，抗玉米螟，抗倒性中上；黄淮海夏播生育期 98 天左右，东华北春播生育期 128 天左右；高淀粉，淀粉含量 75.86%。适宜在河北、河南、山东、陕西、安徽北部、江苏北部、山西运城夏玉米区种植。

（7）蠡玉16 1999年蠡县玉米研究所杂交选育而成，2003年3月河北省品种审定委员会审定通过。株型半紧凑，穗上部叶片上冲，茎秆坚韧，根系较发达。株高265厘米左右，穗位118厘米左右，叶片数20片左右。属中熟杂交种，夏播生育期108天左右，活秆成熟。果穗筒型，穗长18.5厘米左右，穗行数17.8行左右，秃顶度1.4厘米左右，千粒重340克左右，籽粒黄色，半马齿形，出籽率87.1%左右。高抗矮花叶病、粗缩病、黑粉病、茎腐病；抗小斑病，抗弯孢菌叶斑病，中抗茎腐病，高抗黑粉病、矮花叶病，抗玉米螟。籽粒品质：粗蛋白9.63%，赖氨酸0.29%，粗脂肪4.37%，粗淀粉74.57%。适宜河北、陕西、安徽、河南、北京夏玉米区，吉林中晚熟区及内蒙古≥10℃活动积温3 000℃以上地区种植。

（8）沈单16 辽宁省沈阳市农业科学院育成。株高266厘米，穗位高118厘米，在沈阳地区出苗至成熟125天左右，生育期有一定的可塑性，随纬度南移生育期缩短；抗玉米大斑病、小斑病和灰斑病、纹枯病等，耐高温，活秆成熟。适宜在辽宁、宁夏、甘肃、新疆、内蒙古西部春播区和山东、河南、陕西、河北夏播区种植。

（9）苏玉20 苏玉20由江苏省农业科学院粮食作物研究所育成，2004年2月通过江苏省农作物品种审定委员会审定。株型半紧凑，株高226厘米左右，穗位101厘米左右，总叶片数20张左右，叶色较深，后期熟相好，果穗中等，穗长18厘米左右，穗粗5厘米左右，秃顶1.2厘米左右，每穗14~15行，每行33粒左右，千粒重308克左右，全生育期春播120天左右，夏播102天左右；田间观察，抗玉米大斑病、小斑病，抗倒伏性较强；春播平均每亩产510.5千克，夏播平均每亩产472千克。适宜在江苏沿江沿海和苏皖淮河流域地区种植。

（10）纪元1号 是黑龙江金万利农资（种业）有限公司于

2007 年引进的一个优质、丰产、抗病、中早熟玉米单交种，2003 年 12 月已通过天津市农作物品种审定委员会审定。该品种夏播生育期 95 天左右，春播生育期 123 天左右。株高 210 厘米，穗位 83.7 厘米，空秆率 0.3% ~ 4.5%。穗长 17.2 厘米，穗粗 5.3 厘米，穗行数 12 ~ 14 行，秃尖长 1.7 厘米，千粒重 355 克。籽粒粗蛋白含量 9.68%，粗脂肪含量 3.96%，粗淀粉含量 74.21%，容重 755 克/升。接种鉴定抗大斑病、小斑病，感弯孢菌叶斑病、丝黑穗病、矮花叶病和茎腐病。抗倒性中等，保绿性较好。适宜在天津市作夏玉米品种推广利用。

（11）川单 418　系四川农业大学玉米研究所选育，春播全生育期 109 天左右，株高 269 厘米，穗位高 118 厘米，花药紫色，花丝绿色，果穗长 19.1 厘米左右，穗行数 18.7 行，行粒数 33.7 粒，千粒重 275 克；品质分析结果容重 745 克/升，赖氨酸含量为 0.35%、粗蛋含量为 10.9%、粗脂肪为 4.4%、粗淀粉为 75.4%；接种鉴定：抗大斑病、小斑病，中抗丝黑穗病，感纹枯病和茎腐病；每亩产 555 千克左右，适宜在四川、重庆、贵州、湖南、云南的平坝丘陵和低山区种植。

（12）东单 80　在东北华北地区出苗至成熟 132 天，在西南地区从出苗至成熟 114.5 天。株型平展，株高 255 ~ 300 厘米，穗位高 96 ~ 130 厘米，成株叶片数 22 ~ 23 片。花丝绿色，果穗长锥型，穗长 17 ~ 21 厘米，穗行数 16 ~ 18 行，穗轴红色，籽粒黄色、马齿形，百粒重 32.7 ~ 37.4 克。高抗纹枯病、茎腐病和玉米螟，抗大斑病，中抗灰斑病、丝黑穗病和弯孢菌叶斑病；籽粒容重 740 克/升，粗蛋白含量 10.26%，粗脂肪含量 4.53%，粗淀粉含量 72.57%，赖氨酸含量 0.29%，每亩产 690 千克左右。适宜在辽宁、吉林晚熟区、北京、天津、河北北部、山西春播和云南、贵州、四川、重庆、湖南、湖北、广西的平坝丘陵和低山区种植，注意防治地下害虫。

（13）正大 619　襄樊正大农业开发有限责任公司四川分公

司选育，2000年12月经广西农作物品种审定委员会审定通过。平均每亩产550千克左右；全生育期128天左右；株高259.2厘米，穗位104.5厘米，穗长21.8厘米，穗行数13.6行，行粒数42.4粒，百粒重31.0克，出籽率84.2%；果穗筒型，籽粒黄色，硬粒型。青秆黄熟，株型平展，雄穗紫红色，分枝多而长，花粉量大，雌穗花丝红色。适宜在广西玉米主产区推广种植。

（14）贵单8号　是贵州大学农学院新育成的高产、稳产、优质、多抗玉米杂交种，产量范围在650～700千克/亩。适宜在贵州省的贵阳市、安顺市、毕节地区、六盘水市和黔西南州的中上等肥力土壤种植。在丝黑穗病常发区慎用。

（15）登海11号　山东省莱州市农业科学院选育，2000年四川省农作物品种审定委员会审定。株高283厘米，穗位高115厘米，全株叶片数20～21片；株型半紧凑，果穗筒形，穗长18厘米，穗行数16行，单穗平均粒重159.3克，百粒重31.7克；穗轴红色，籽粒黄色，半马齿形；籽粒含粗蛋白9.65%～9.68%，粗脂肪4.49%～5.09%，粗淀粉72.0%～73.2%，赖氨酸0.32%。该品种夏播生育期97天，抗玉米大斑病、小斑病，中抗茎腐病、黑粉病，感矮花叶病和弯孢菌叶斑病；平均每亩产530千克左右。适宜在河北、河南、山东、陕西、江苏北部、安徽北部夏玉米区和四川、重庆等适宜地区种植，但矮花叶病和弯孢菌叶斑病流行区慎用。

（16）成单30　系四川省农业科学院作物研究所选育，2004年通过四川省审定。春播全生育期119天左右；株高276厘米，穗位高110厘米；株型半紧凑；果穗长柱形，穗长19.0厘米、穗粗5.0厘米，秃尖1.9厘米。穗行数16行，行粒数35.3粒，千粒重282.1克左右。品质分析表明，籽粒容重774克/升，粗蛋白质9.7%，粗脂肪3.8%，粗淀粉73.3%，赖氨酸0.31%，品质优。接种鉴定表明，抗大斑病、纹枯病、茎腐病、玉米螟，中抗小斑病、丝黑穗病。根系深茎秆硬，抗倒伏力强，收获时茎叶片仍为绿色。对光温不敏感，适宜种植范围广，繁制种技术容易、产量每亩产量 650 千克左右。适宜在四川省平坝、丘陵和底山区种植，与麦苕间套种或净作均可。

（17）中单 808　由中国农业科学院作物科学研究所，在西南地区出苗至成熟 114 天，在东北地区出苗至成熟 129 天。株型半紧凑，株高 260～300 厘米，穗位高 120～140 厘米，成株叶片数 20 片。花丝绿色，果穗筒型，穗长 20 厘米，穗行数 14～16 行，穗轴红色，籽粒黄色、半马齿形，百粒重 32.8～40.0 克。经接种鉴定，抗茎腐病，中抗大斑病、小斑病、纹枯病和玉米螟，感丝黑穗病。籽粒容重 752 克/升，粗蛋白含量 10.73%，粗脂肪含量 4.33%，粗淀粉含量 70.15%，赖氨酸含量 0.29%。产量每亩产量 650 千克左右。适宜在北京、天津、河北北部、四川、云南、湖南春播种植，注意防止倒伏。

（18）吉单 27　由吉林吉农高新技术发展股份有限公司北方农作物优良品种开发中心选育，出苗至成熟 118 天，需≥10℃活动积温 2 400～2 450℃，属中早熟品种。种子籽粒橙黄色、半马齿形，百粒重 29 克。幼苗叶鞘紫色，叶色深绿，幼苗拱土能力强。株高 260 厘米左右，穗位高 95 厘米，全株 21 片叶。雄穗分枝 8～10 个，花丝绿色。果穗筒形，穗长 22～24 厘米，穗行数 14～16 行，百粒重 40 克。籽粒粗蛋白质 10.21%、粗脂肪 4.3%、粗淀粉 68.93%。人工接种鉴定，高抗玉米丝黑穗病、弯孢菌叶斑病和玉米螟。吉林省区域试验平均每亩产 645.3 千克，适宜在吉林省东西部等早熟区及黑龙江省第二积温带上限种植。

（19）辽单 565　辽宁省农业科学院玉米研究所选育，2004 年国家审定。在东北地区生育期 126 天，株型紧凑，株高 276 厘米，穗位高 110 厘米，高抗黑粉病、茎腐病，抗弯孢菌叶斑病、大斑病。适宜在辽宁、吉林、黑龙江、内蒙古通辽地区种植。

（20）龙单 38　黑龙江省农业科学院玉米研究所选育，2007

年通过黑龙江省审定，2008 年通过内蒙古认定。株高 270 厘米，穗位高 100 厘米，果穗圆柱形，穗轴粉红色，成株叶片数 15 片，穗长 25 厘米、穗粗 5.1 厘米、穗行数 14～16 行，籽粒中齿形、橙黄色。品质分析结果：籽粒含粗蛋白质 10.24%～10.30%，粗脂肪 5.07%～5.21%，粗淀粉 73.03%～73.29%，赖氨酸 0.28%～0.32%。接种鉴定结果：大斑病 2 级，丝黑穗病发病率 6.3%～8.5%。在适宜种植区从出苗到成熟生育日数 120 天左右，需≥10℃活动积温 2 400℃左右。平均每亩产 680.4 千克，适宜在黑龙江省第二积温带及内蒙古相关区域种植。

（21）绥玉 10　黑龙江省农业科学院绥化农业科学研究所选育，2002 年通过黑龙江省审定，2009 年通过内蒙古认定。幼苗生长健壮，发苗较快，秆强不倒伏。株高 240 厘米，穗位高 80 厘米，花丝为黄色。果穗圆柱形，穗长 24 厘米、穗粗 5.0 厘米、穗行数 14～18 行，籽粒中齿形，百粒重 35 克左右。商品品质好，籽粒橙黄色，外观色泽光亮，容重 726 克/升，活秆成熟，后期脱水快。品质分析结果：粗蛋白质含量为 10.02%，粗脂肪含量为 4.31%，淀粉含量为 70.89%，赖氨酸含量为 0.31%。接种抗病性鉴定结果：大斑病 2～3 级，丝黑穗发病率 1%～16.2%。在适宜种植区生育日数 114～122 天，从出苗到成熟需活动积温 2 350℃左右。平均每亩产 606.9 千克，较对照品种增产 17.0%。适宜在黑龙江省第二积温带下限及内蒙古相关区域种植。

（22）兴垦 3　由内蒙古兴安盟农垦种业有限公司玉米研究所育成，2002 年通过内蒙古自治区品种审定委员会审定。该品种在兴安盟地区为中晚熟品种，出苗至成熟 121～123 天，需≥10℃活动积温 2 600～2 650℃；属中秆大穗型品种，株高 245～250 厘米，穗位 90～95 厘米，果穗长筒型，红轴，穗长 25～28 厘米，穗粗 5.1 厘米，穗行数以 14 行为主，每行 48～50 粒，籽粒半马齿形，橘红色，胚乳角质多，米质好，后期脱水快，出籽率87%，千粒重420～440克；株型半紧凑，叶片较厚，叶色浓绿，半上举，全株19～20片叶，茎秆粗壮，尤其茎基部明显粗壮，根系发达，抗旱、抗倒伏性好，雄穗发达，花粉量大。植株持绿时间长，活秆成熟。

适宜在辽宁东部山区、吉林东部中晚熟区、黑龙江第一积温带上限、内蒙古赤峰地区四单19品种种植区域种植。

（23）哲单37 由内蒙古哲盟扎旗原种场和哲盟农科所育成的玉米单交种，生育期110～115天，属早熟玉米杂交种；成株株型较紧凑，株高220厘米，穗位77厘米，抗倒性强；抗玉米叶斑病和茎腐病，微感黑穗病，抗倒伏，活秆成熟；根据品比、区试、生产试验结果，该品种具有丰产稳产、适应性广、抗逆性好等特点，适宜在内蒙古自治区的哲盟、赤峰北部、兴安盟中北部及呼盟、乌盟中南部，黑龙江，河北，山东等部分地区种植。

（24）农华101 由北京金色农华种业科技有限公司选育。在东华北地区出苗至成熟128天，需有效积温2 750℃左右；在黄淮海地区出苗至成熟100天。株型紧凑，株高296厘米，穗位高101厘米，成株叶片数20～21片。花丝浅紫色，果穗长筒型，穗长18厘米，穗行数16～18行，穗轴红色，籽粒黄色、马齿形，百粒重36.7克。经丹东农业科学院和吉林省农业科学院植物保护研究所接种鉴定，抗灰斑病，中抗丝黑穗病、茎腐病、弯孢菌叶斑病和玉米螟，感大斑病；经农业部谷物及制品质量监督检验测试中心（哈尔滨）测定，籽粒容重738克/升，粗蛋白含量10.90%，粗脂肪含量3.48%，粗淀粉含量71.35%，赖氨酸含量0.32%。一般每亩产600～650千克。

适宜在山东、河南（不含驻马店）、河北中南部、陕西关中灌区、安徽北部、山西运城地区夏播种植，注意防止倒伏。

2. 甜玉米品种

（1）超甜1号 中国农业大学育成。在河北省保定地区春播，播种到采收需81～83天。

（2）黄甜 104 中国科学院遗传研究所选育。在北京地区春播。播种至采收鲜穗需 92～95 天，播种至成熟需 127～133 天。适宜在北方春播和华北地区晚夏播。

（3）中甜 2 号 中国农业科学院作物品种资源研究所育成。北京地区春播，全生育期约 107 天，夏播约 90 天。凡能种植玉米的地区均可种植。

（4）金甜 678 北京金农科种子科技有限公司选育，2004 年国家审定。在黄淮海地区出苗至最佳采收期 82 天。适宜在山东、河南、河北、陕西、北京、天津、江苏北部、安徽北部夏玉米区种植。

（5）郑甜 3 号 河南省农业科学院粮食作物研究所选育，2004 年国家审定。在黄淮海地区出苗至最佳采收期 78 天。适宜在山东、河南、河北、陕西夏玉米区种植。

（6）蜜玉 8 号 江苏省徐淮地区淮阴农业科学研究所选育，2001 年国家审定。生育期春播 85 天，夏播 70 天。适宜在江苏、上海、安徽、浙江、福建等地区种植。

（7）农甜 3 号 华南农业大学农学院选育，2004 年广西壮族自治区、国家审定。在东南地区出苗至最佳采收期 80 天。适宜在广东、福建、浙江、江苏、安徽、广西、海南种植。

3. 爆裂玉米品种

（1）黄玫瑰 1 号 中国农业科学院作物品种资源研究所育成。春播全生育期 115 天左右。适宜在山西省北部、陕西省中北部、甘肃、内蒙古、新疆、辽宁等昼夜温差大的地区种植。

（2）沈爆 3 号 沈阳农业大学特种玉米研究所选育，2003 年国家审定。生育期春播 106～119 天，夏播 95 天，适宜在辽宁，吉林、天津、山东、河南地区中等以上肥力的地块种植。

（3）津爆 1 号 天津市农作物研究所选育定。生育期春播 105～120 天，夏播 93～95 天。适宜在北京、天津，华北其他地区及东北中南部种植。

（4）沪爆1号　上海市农业科学院作物育种栽培研究所育成。春播时出苗至成熟96～101天，秋播时出苗至成熟约需90天。适宜在新疆、甘肃、陕西、山西、河北、内蒙古等温差较大的灌溉农区种植。

（5）石爆3号　新疆农垦科学院作物研究所育成，石河子地区春播，生育期约110天。

4. 青饲玉米品种

（1）奥玉青贮5101　北京奥瑞金种业股份有限公司选育，2004年国家审定。在北京地区出苗至籽粒成熟130天。适宜在北京、天津、河北北部春玉米区，陕西关中西部夏玉米区及江苏南部、上海、广东、福建作专用青贮玉米。

（2）辽青85　辽宁省农业科学院玉米研究所育成，1994年通过国家审定。生育期约134天。可在辽宁偏南地区和关内无霜期较长的地区推广种植。

（3）沪青1号　上海市农业科学院作物育种栽培研究所育成，1999年审定，属早熟类型。出苗至收青70～75天。适宜在江淮地区种植。

（4）雅玉青贮8号　四川雅玉科技开发有限公司选育，2000年四川省审定，2005年国家审定。在南方地区出苗至青贮收获88天左右。适宜在北京、天津、山西北部、吉林、上海、福建中北部、广东中部春播区和山东泰安、安徽、陕西关中、江苏北部夏播区作青贮玉米种植。

5. 高淀粉玉米品种

（1）四单19　吉林省四平市农业科学院育成。春播时出苗至成熟约124天，适宜在吉林省西部及黑龙江、内蒙古、陕西渭南、河北、山西等地种植。

（2）长单26　吉林省长春市农业科学院育成。出苗至成熟约130天。适宜在吉林省中、南部地区种植。

（3）长单374　吉林省长春市农业科学院育成，属晚熟高淀粉玉米单交种。出苗至成熟约 129 天，适宜在吉林、山西、内蒙古、黑龙江等地区种植。

（4）长城淀 12　河北省承德华泰专用玉米种子新技术发展有限责任公司选育，2003 年通过国家审定。生育期春播 108 天，夏播 97 天。适宜在河北承德地区、天津、北京、山西、内蒙古赤峰和通辽地区春播种植。

（5）郑单 18　河南省农业科学院粮作所选育，2001 年通过国家审定。适宜黄淮海地区中等以上肥力地块夏播种植。

6. 优质蛋白玉米品种

（1）中单 9409　中国农业科学院作物育种栽培研究所育成，1996 年通过审定。北京地区生育期约 120 天。籽粒赖氨酸含量 0.42% 左右。该品种适应性广，在吉林、河北、山西、内蒙古、宁夏、甘肃、新疆等地可春播，在山东、河南、安徽、江苏、陕西等地可夏播或套种，在四川、云南、贵州等地可春播或套种，在广西春播或秋播皆可。

（2）长单 58　吉林省长春市农业科学院育成，1994 年审定。出苗至成熟约 128 天。籽粒赖氨酸含量 0.41%。适宜在吉林省西部、山西省晋城地区、新疆石河子及内蒙古赤峰等地区种植。

（3）高玉 1 号　沈阳农业大学育成，1990 年审定。生育期约 120 天。籽粒赖氨酸含量 0.44%。适宜在辽宁省西部、中北部及吉林省南部种植，黄淮流域可夏播。

（4）本高 4 号　辽宁省本溪县农业科学研究所育成，1998 年审定。生育期约 116 天。籽粒蛋白质含量 10.34%，赖氨酸含量 0.5%。适宜在辽宁省中熟区、吉林省和黑龙江省中晚熟地区种植。

（5）鲁玉 13　山东省农业科学院玉米研究所育成，1993 年通过审定。在济南春播、夏播生育期分别约为 110 天和 92 天。籽粒赖氨酸含量 0.4%。适宜在山东、河北、河南、山西、陕西等地种植。

（6）新玉 10 号　新疆维吾尔自治区农业科学院粮食作物研究所育成，1998 年审定。出苗至成熟在北疆为 108 ~ 103 天，南疆复播为 82 ~ 90 天。籽粒赖氨酸含量 0.42%。适于冷凉山区种植，除新疆外，也可在甘肃、河北、内蒙古、吉林等地种植。

7. 高油玉米

（1）高油 6 号　中国农业大学育成。北京地区春播，生育期约 112 天，夏播 95 天左右，籽粒粗脂肪含量 9.1%。适宜在山东、河北夏播或套种，河北北部、内蒙古、辽宁、吉林、宁夏等地可春播或套种。

（2）高油 115　中国农业大学选育，1996 年通过北京市审定，1997 年通过天津市审定，1998 年国家审定。生育期 120 天左右。籽粒粗脂肪含量 8.8%。适宜北京、天津等地种植。

（3）吉油 1 号　吉林吉农高新技术发展股份有限公司选育，1998 年通过吉林省审定，2003 年通过国家审定。生育期 127 天。含粗脂肪 9.46%。适宜在吉林、天津、山西、内蒙古通辽、新疆乌鲁木齐地区春播种植。

（4）春油 3 号　吉林省长春市农业科学院育成。出苗至成熟约 130 天。籽粒粗脂肪含量 8% 以上。适宜在吉林省中晚熟及晚熟区种植。

（5）通油 1 号　吉林省通化市农业科学院玉米研究所育成，1999 年通过审定。出苗至成熟约 123 天。适宜在吉林省东部半山区、中部平原区及黑龙江省种植。

第二章　现代玉米生产的播种技术

一、玉米常规生产耕作技术

播种前整地是为玉米播种、出苗、生长发育创造一个适宜的土壤环境，要求做到：地面平整，土壤细碎，以利种子发芽出苗和幼苗生长。土地不平整，苗期易受旱害或涝害。如果土块较大，会严重影响种子发芽出苗，造成缺苗，从而影响玉米产量。

（一）春玉米生产耕作技术

春玉米在前茬作物收获后，及时灭茬秋耕，可使土壤有较长的熟化时间，并有利于积蓄雨雪，提高土壤肥力和蓄水保墒能力。春玉米一般深耕为 25～35 厘米，对土壤肥力高、耕层厚、基肥施用量大的地块，可深耕一些；反之则宜浅。一般黏土、壤土可稍深些；沙土可浅耕。上碱下不碱的土壤，可适当深耕；下碱上不碱的土壤，为了避免把碱土翻上来，要适当浅耕。总之，根据实际土壤质地，因地制宜进行耕翻。耕后及时耙耢保墒。水利条件较好地区，可在耕后冻前灌足底墒水，促进土壤熟化，还可冻死虫蛹，减轻虫害。在干旱地区，为防止跑墒，应在早春及时春耕，随耕随耙。

春玉米在春耕时，可施入有机肥作基肥，并配合施用肥效慢的化肥，以充分发挥肥效，提高土壤肥力。

（二）夏玉米生产耕作技术

夏玉米生育期短，抢时早播是关键，一般不要求深耕，因为深耕后，土壤沉实时间短，播种出苗后遇雨土壤塌陷，易引起倒伏及断根，并且深耕后土壤蓄水多，遇雨不能及时排除，容易发生涝害，造成减产。夏玉米播种前可直接采取局部整地的法，只对播种行进行浅耕或免耕，以争取农时、保墒情，玉米出苗后再对行间进行中耕。

夏玉米农时紧，需抢耕抢种，一般不用施基肥。但是为了满足夏玉米快速生长的需求，应提早施肥，采用早施重施、前重后轻的施肥原则。

二、玉米保护地生产耕作技术

（一）保护地玉米地块的选择

保护地玉米根系粗壮，要求选择土层深厚，质地疏松，便于起垄覆膜，保水能力强，肥力中等以上的平地或缓坡地（如山区、半山区）种植，地力瘠薄或水土流失严重的地块不宜种植。

（二）保护地玉米整地技术

1. 施肥

地膜覆盖的田块必须在前茬作物收获后，精细整地，并做好蓄水保墒工作。结合土壤处理，按配方施肥技术要求施入底肥，一般有机肥、磷肥、钾肥全部，氮肥的 50%～60% 作底肥在起垄前一次施入，其余 40%～50% 用作追肥。

2. 起垄覆膜

地整好后，按垄距 100 厘米，垄宽 60 厘米，垄高 3 厘米的要求起垄，垄要端要直，垄面整平耙细，捡净根茬。覆膜时，膜要铺平拉展，紧贴垄面，将膜两边埋入土中，用细土压实，每隔 10～15 米设一土梁，以防大风揭膜。

三、玉米品种选择技术

"科技兴农，种子先行"。种子既是生产资料，又是现代科学技术的载体。选用具有优良生产性能和加工品质的品种，是玉米生产的第一步，也是实现高产丰收的重要前提。目前市场上的玉米品种较多，生产中经常有品种选择不当或劣质种子导致减产甚至绝收的事情发生。因此选择合适的优良品种和种子至关重要。

（一）优良品种的选择

1. 选择适宜在本地推广的国审、省审或认定的品种

品种育成后要经过国家或省级多年生产试验的严格选拔，具有高产、稳产、抗性强、适应性广的品种才能通过审定。

2. 如果选用外地选育的品种，一定选择在本地能够正常成熟的品种，少用晚熟品种。

3. 选择高抗倒伏的品种

倒伏对玉米危害较大，严重时可导致绝收，选择抗倒伏的品种非常重要，尤其是多风地区。

4. 选择抗病或耐病品种

不同地区主要病害的种类和发病的程度不同，如丝黑穗病是东北春玉米区玉米生产的主要病害，在黄淮玉米区则危害较轻。所以要根据当地病害发生情况选择合适的抗病或耐病品种，品种的抗病性除参考品种的特性介绍、当地种子公司或农技推广部门的评比试验外，还要参考其他农户的种植经验。

5. 选择生产潜力大、适应性广的品种

品种的生产潜力体现在产量水平上，要根据评比试验的产量结果，不要仅仅因为穗子的大小、双穗率等性状选择品种。由于气候的不可预测性和多变性，要选择在多点、多地区、多环境下都具有较高产量水平的品种。

6. 多熟期、多品种搭配种植

避免品种单一化，最好不要在同一块地上连续种植同一品种，各品种间轮换种植，多熟期、多品种搭配种植是减少病虫害和抗干旱、抗低温等不利环境条件的有效措施之一，可实现高产、稳产及均衡增产。

7. 因特殊需求应选择特用品种

用于饲养或加工等特殊需求，应选择特用玉米品种，如高淀粉品种、高油品种、优质蛋白玉米品种、糯玉米、甜玉米等。

（二）优质种子的选择

1. 种子的质量指标

国家对玉米种子的纯度、净度、发芽率和水分4项指标作出了明确规定，具体指标见表2-1。我国对玉米杂交种子的检测监督采用了"限定质量下限"的方法，即达不到规定的二级种子的指标，原则上不能作为种子出售。

表2-1　玉米种子的4项主要质量指标

项　目 种子级别	纯度（%）	净度（%）	发芽率（%）	水分（%）
一级种子	≥98	≥98	≥85	≤13
二级种子	≥96	≥98	≥85	≤13

2. 劣质种子的类型

劣质种子分5种类型：一是质量低于国家规定的种用标准；二是质量低于标签标注的指标；三是因变质不能作种子使用；四是杂草种子的比率超过规定；五是带有国家规定检疫对象的有害生物。

3. 高质量种子的选择要点

（1）选择正规经营部门销售的种子　购买玉米种子时，选择到"三证一照"齐全的经营部门购买，所谓"三证一照"是指种子部门发的"生产许可证"、"种子合格证"、"种子经营许可证"及工商行政管理部门发的"营业执照"。"三证一照"齐全的单位，一般注重维护自己的品牌和信誉，销售的种子质量可靠些，一旦种子质量出现问题，能够支付起一定的经济赔偿。购种的同时索取发票，以备将来发生质量问题的投诉。

（2）选择正规商家生产的玉米种子　种子应有较好的包装，包装袋内应该有标签，标签上详细标明生产厂家、质量标准、生产日期、产地、经营许可证号等，同时种子袋内应有本品种的简单介绍及信誉卡。对一些"三无"种子一定不要购买。

（3）劣质种子的识别　一是纯度鉴别，任意取 100 粒种子，如果其大小、色泽、粒型相差达八二开，说明这个种子的混杂率达 20% 以上，有较大的假劣可能性，一般不要购买；二是净度鉴别，烂粒、小于正常籽粒一半的种子及其他沙、泥等重量超过总重量的 2%，则说明该批种子净度不合格；三是发芽率的感官鉴别，种子表面有灰霉，色泽暗淡，一般多为陈种或晒种时被雨淋湿过，发芽率就会差一些。凡是当年生产的种子，用牙一咬，可发出清脆的崩裂声，这样的种子发芽率一般不会有问题，否则一咬就扁，种子芽率就可能存在问题；四是水分鉴别，可将手攒入种子袋，根据感觉判断种子的干湿度。或者用牙咬，凡是无味且有清脆的感觉是比较干的，反之，有阴沉潮湿的感觉且味不正，说明种子较潮湿。另外可抓一些种子放在手中搓几下，发出清脆而刷刷的声音是较干的，反之是湿的。或者用指甲掐籽粒的果柄处，硬而脆，说明水分达标，否则种子含水量超标，不宜长时间保存。

四、玉米种子处理技术

种子处理是指从收获到播种前对种子所采取的各种处理。包括种子精选、浸种催芽、杀菌消毒、春化处理、营养处理及各种物理、化学方法处理等。

（一）种子精选

选种的主要目的是提高出苗率、增加田间保苗株数。包括穗选和粒选。穗选即在场上晾晒果穗时，剔除混杂、成熟不好、病虫、霉烂果穗等，晒干脱粒做种用。粒选即播前筛去小、秕粒、清除霉、破、虫粒及杂物，使之大小均匀饱满，利于苗全、苗齐。

（二）种子处理

1. 晒种

晒种是利用太阳光自外线将种子表面的细菌杀死，改善种皮的通气性，有利于种子内部渗性营养物质的形成，促进酶的活性，排出二氧化碳及各种废物，从而增强种子活力，打破休眠，提高种子发芽势，并可提早出苗 1～2 天，减轻丝黑穗病。种子晾晒要选择天气晴好的日子，气温不超过 30℃ 为宜。种子不要在水泥地上晾晒，因为水泥场上温度过高容易烫伤种子，一般是摊在干燥向阳的席上连续晒 2～3 天，期间要常翻动，晚上收回，防止受潮。

2. 浸种

浸种是将种子在某种溶液中浸泡一定时间，捞出后直接播种或阴干后再播种，根据浸种所用溶液的不同，浸种对作用也各有差异。

（1）人尿浸种　可育肥种子，促进提早出苗、出齐苗。将腐熟人尿和水按照 1∶1 重量比对好，浸泡种子 6 小时后直接播种。需要注意的是，浸后的种子要当天播完。

（2）磷酸二氢钾浸种　磷酸二氢钾和水按照 1∶500 重量比对好后浸种 10 小时，阴干后播种。

（3）硫酸锌浸种　可解决石灰性、轻质性和盐碱土因缺锌出现的苗期玉米"白叶病"。将硫酸锌和水按照 1∶2 重量比配好后浸种 8～10 小时，阴干后播种。

3. 拌种

拌种是将某种溶液或物质拌在在种子表面，再进行播种的一种技术。

（1）过磷酸钙浸出液拌种　取优质过磷酸钙 1 千克粉末加水 5～6 千克搅拌并浸泡 24 小时后倒出浸出液，喷洒在 30～40

千克种子上拌匀，当天播完。

（2）草木灰拌种 以草木灰拌种，即可为幼苗提供钾素，又能防病。先将10千克种子喷水打湿，再拌上0.5千克过筛的草木灰。

（3）药剂拌种 可用15%粉锈宁可湿性粉剂400～600克拌100千克种子防玉米丝黑穗病，也可用0.5%浓度的硫酸铜水溶液拌种，可以减轻玉米黑粉病。

4. 种子包衣

种子包衣是在种子表面包上一层含有杀虫剂、杀菌剂、微肥和生长调剂为主要成分的薄膜，可以有效防治病虫害，促进种子发芽、出苗和生长发育。包衣过程是将种衣剂与种子混合搅拌，在种子外面形成厚度均匀一致的药膜，可采用人工包衣，也可采用机械包衣。

五、玉米播种技术

（一）播期的确定

适宜的播种时期，不仅可以保证出苗率、保苗率高，而且植株生长健壮、安全成熟、产量高、品质好。因此，确定播种时期既要考虑品种特性，更要注意地温、土壤水分、栽培制度和病虫害发生规律等因素。

1. 春玉米的播期

温度是决定春玉米播种期的主要因素。通常在5～10厘米地温稳定通过10℃或略高，在温度、水分达到要求的条件下即可播种。过早播种，土温低，种子萌发慢，长势弱，不整齐，缺苗严重；延迟播种，生长发育快，营养生长期短，不利于高产。春玉米播种期因地区不同差异很大，黑龙江、吉林5月上旬；辽宁、内蒙古、华北北部及新疆北部一般为4月下旬至5月上旬；华北平原及西北各地4月中下旬；长江流域以南一般在3月中下旬，部分地区提早到 2 月。

2. 夏玉米的播期

玉米播种有"春争日，夏争时"、"夏播争早，越早越好"的说法。夏玉米播种应抓紧时间抢时抢墒早播，这样可延长生育期，避免和减轻病害和"芽涝"，是争夺高产的重要措施。

3. 秋玉米播种

秋玉米一般在 7 月中下旬播种，最迟不超过 8 月 5 日。

4. 套种玉米的播期

玉米与其他作物套种，尽量减少上茬、下茬的共生时间，减轻上茬、下茬作物上相互影响。共生时间以 20 ~ 30 天为宜。

（二）播种方式

由于各地的种植方式和自然条件不同，播种方式也有差异。

1. 条播

玉米条播根据播种工具不同可分为机播、耧播和用犁开沟撒播等。机播工作效率高，播种均匀，深浅一致，但用种量较大，适用于大面积种植或土表墒情较差的地块。在丘陵山区和机械化程度不高的地区，可采用耧或犁等工具开沟播种。开沟后，可以先沟施拌药的毒谷或毒土，诱杀害虫和防止病害产生，然后播种盖土。

2. 点播

按照一定的株行距刨穴、施肥、点种、覆土盖种。一般行距 60 ~ 70 厘米，株距 50 ~ 60 厘米，双珠每穴点种 4 粒，摆成方形，覆土 3 ~ 4 厘米。

（三）播种量和播种深度

1. 播种量

播种量因品种、种子大小、生活力、种植密度、种植方式和栽培目的地不同而又差异，一般条播 2.5 ~ 4 千克/亩，点播和穴播用量可以减少，一般 2.5 ~ 3.5 千克/亩。播量过大，不但造成种子浪费，而且间、定苗费工，幼苗争光、争肥、争水，成苗荒而减产。

2. 播种深度

适宜的播种深度，要根据土壤墒情、土壤质地确定。土壤墒情好，可适当浅些，表层土干可适当深一些，沙壤土的比黏土深一些。一般播种深度为 5～6 厘米，覆土 3～4 厘米。土质黏重，含水量高，地势较低洼时，宜浅播 4～5 厘米，浅覆土盖籽；反之适当深播 6～8 厘米。南方春玉米宜浅播浅覆土，夏秋玉米宜深播，但最深不超过 10 厘米，播种后如出现落干现象，及时浇蒙头水，确保出苗齐全。

（四）合理密植

玉米以群体进行生产，产量主要取决于穗数、每穗粒数和籽粒的重量。种稀了，果穗虽然长得大一些，但穗粒数和粒重的增加，往往补偿不了穗数少对产量的影响；种密了，植株生长瘦弱，穗小粒轻，同样不宜高产。只有穗数、穗粒数和粒重三者协调的情况下，群体产量才能达到最高。

合理密植可以使玉米群体发展适度，个体发育良好，充分利用光能和地力获得高产。玉米的适宜种植密度受品种特性、土壤肥力、气候条件、土壤状况、管理水平等因素的影响。因此，适宜密度的确定应根据上述因素综合考虑，一般应掌握以下原则：

1. 株型紧凑和抗倒品种宜密，株型平展和抗倒伏性差的品种宜稀。

2. 肥地宜密，极薄的地块宜稀。

3. 阳坡地和沙壤土地宜密，低洼地和重黏土地宜稀。

4. 日照时数长、昼夜温差大的地区宜密；反之宜稀。

5. 精细管理的宜密，粗放管理的宜稀。

（五）施用种肥

种肥的施用能及早满足幼苗对肥料的需求，有利于培育壮苗，可增产 5%～10%。种肥以氮、磷、钾化肥为主，适量配以微肥。种肥的施用量不得超过总施肥量的 20%，注意种、肥不能接触，以免肥料烧种。

（六）化学除草

杂草对玉米的为害较大，杂草过多可严重影响玉米产量。所以应在播种后出苗前喷施除草剂进行土壤封土。可直接喷施72%的都尔乳油75毫升加50升水进行封闭式喷雾，墒情差时应适当加大用水量。

第三章 现代玉米生产的科学施肥技术

一、玉米高产土壤培肥技术

土壤经过一定时期的利用，肥力就会下降，或者说产生退化。土壤培肥即是通过人工措施对土壤肥力进行调控而使其得以保持和提高的过程，从而改善土壤协调水、肥、气、热的能力，为植物生长发育提供适宜的土壤环境。而不单纯是增加或补充植物生长所需的矿质营养，从这个意义上说，施肥并不全等于培肥，它只是培肥综合措施中的一方面。

（一）土壤培肥的重点

玉米高产栽培的土壤培肥重点是提高其基础肥力，即提高其水、肥、气、热协调能力，同时也提高肥料利用率。化肥用量的增加及玉米生物产量的增加，使玉米秸秆和根茬还田能够成为主要的培肥手段。

1. 化肥用量的增加调整了土壤的碳氮比，使秸秆和根茬的分解速度加快，又不会影响玉米对可给态养分的吸收。

2. 玉米生物量的增加使其作为农村的燃料有了较多的过剩，可以用来还田。

3. 主产区玉米种植比例大，连作面积大，时间长，轮作倒茬无法全面安排。

生产表明，通过玉米秸秆还田配施化肥来培肥土壤，除比单施化肥增加了玉米产量外，还有如下作用：一是提高了土壤有机质含量，增加了肥料磷的有效性和利用率；二是改善土壤物理性质，增加孔隙度，降低容重，促进土壤结构体形成，有利于根系发育；三是有利于大粒级团聚体含量提高；四是有利于土壤腐殖质的更新。

（二）玉米高产土壤几种常用的土壤培肥技术

在以玉米秸秆还田为主要措施的土壤培肥过程中，应采取秸秆还田，农家肥、化肥搭配，大、中、微量元素比例协调的施肥制；开发适用机具，实行深松、碎茬、深翻结合的土壤耕作制，避免因碎茬、翻入质量低而影响玉米生长。

1. 秸秆粉碎直接还田技术

采用国产先进的玉米秸秆粉碎机在玉米收获后整秆粉碎，均匀撒在地表，经深翻埋入土壤。技术要点：秸秆切碎长度小于5厘米的要占90%，5~10厘米占10%左右。增施5%氮肥以调解碳氮比。

2. 根茬还田技术

东北地区，秋季上冻前用旋耕机将站立在垄上的根茬及地下10~12厘米深的根系直接粉碎还田。技术要点：要保证灭茬深度达10~12厘米，根茬切碎长度小于5厘米占80%左右，5~10厘米占20%左右，漏切率不超过0.5%，同时增施5%氮肥以调解碳氮比。

3. 秸秆转化过腹还田技术

以秸秆为原料通过氨化，微化等处理喂养肉牛过腹还田。

4. 秸秆微生物发酵快速堆肥技术

利用秸秆及农村各种有机废弃物为原料，接种微生物复合菌剂，采用室外半坑式发酵堆制。主要程序为：秸秆粉碎及处理→原料按一定比例混合并接种微生物→保温→翻堆→腐熟保肥。

5. 土壤培肥耕作制

由于玉米秸秆是玉米主产区的主要饲料和燃料，不能全部还田，要合理安排耕作。下面推荐一套以地块为单元的秸秆还田耕作制，周期为3年，将地块分成3个区组，各区组3年内的耕作方法如表 3 - 1 所示。

表 3 - 1　玉米秸秆还田耕作制

区组	第一年	第二年	第三年
I	联合收割机收获玉米，秸秆粉碎还田，机械化深翻整地	玉米收获后，运出秸秆，根茬粉碎还田、深松、压实	玉米收获后，运出秸秆，根茬粉碎还田、深松、压实
II	玉米收获后，运出秸秆，根茬粉碎还田、深松、压实	联合收割机收获玉米，秸秆粉碎还田，机械化深翻整地	玉米收获后，运出秸秆，根茬粉碎还田、深松、压实
III	玉米收获后，运出秸秆，根茬粉碎还田、深松、压实	玉米收获后，运出秸秆，根茬粉碎还田、深松、压实	联合收割机收获玉米，秸秆粉碎还田，机械化深翻整地

由表 3 - 1 可知，采用这种少耕轮翻的耕作方法，每 3 年全部耕地深翻一遍，灭茬和垄上深松两遍，改善了耕层结构，充分利用耕翻后效，减少了作业环节，降低了作业成本。从秸秆利用角度上看，每 3 年全部秸秆还田一遍，增加了土壤有机质含量，对培肥土壤有重要作用，每年有 2/3 的秸秆从农田运出，除满足农户燃料需要外，可利用微贮技术，实现秸秆养牛、过腹还田，发展生态农业，促进农业生产的良性循环。

二、玉米高产测土配方施肥技术

测土配方施肥是一种科学的作物施肥管理技术，简单地说，就是在对土壤化验分析，掌握土壤供肥情况的基础上，根据作物需肥特点和肥料释放规律，确定施肥的种类、配比和用量，按方配肥，科学施用。

（一）玉米需肥特点

1. 玉米不同阶段的需肥规律

玉米是一种需肥量大的作物，不同生育期，吸收氮、磷、钾的速度和数量都有差别。玉米从出苗到拔节，生长慢，植株小，吸收养分不多，一般吸收氮 2.5%、有效磷 1.12%、有效钾 3%；从拔节期到开花期玉米生长急剧加速，营养生长和生殖生长同时并进，吸收营养物质速度快、数量多，是玉米需肥的关键时期，此期吸收氮素 51.15%、有效磷 63.81%、有效钾 97%；从开花到成熟，吸收的速度逐渐缓慢下来，数量也逐日减少，此期吸收氮 46.35%、有效磷 35.07%。

玉米由于栽培制度和生育时期不同，对氮、磷、钾的吸收规律也有所区别。春玉米抽穗开花期，大约吸收全部所需的钾素，而这时吸收的氮素仅为总氮量的 1/2，吸收的磷为总磷量的 2/3；夏播玉米抽穗开花期吸收了全部所需钾素，吸收氮、磷、已达总吸收量的 4/5 以上。玉米的施肥应以氮肥为主，配合磷、钾肥，在施好基肥的同时，春播玉米重施"攻穗肥"和"攻粒肥"。夏播玉米重施"拔节肥"，又叫"孕穗肥"。

2. 玉米需肥的关键时期

（1）玉米营养临界期　玉米磷素营养临界期在三叶期，一般是种子营养转向土壤营养时期；玉米氮素临界期则比磷稍后，通常在营养生长转向生殖生长的时期。临界期对养分需求并不大，但养分要全面，比例要适宜。这个时期营养元素过多过少或者不平衡，对玉米生长发育都将产生明显不良影响，而且以后无论怎样补充缺乏的营养元素都无济于事。

（2）玉米营养最大效率期　玉米最大效率期在大喇叭口期，这是玉米养分吸收最快最大的时期。这期间玉米需要养分的绝对数量和相对数量都最大，吸收速度也最快，肥料的作用最大，此时肥料施用量适宜，玉米增产效果最明显。

3. 玉米整个生育期内对养分的需求量

玉米生长需要从土壤中吸收多种矿质营养元素，其中，以氮素最多，钾次之，磷居第三位。一般每生产 100 千克籽粒需从土壤中吸收纯氮 2.2 ~ 4.2 千克、五氧化二磷 0.5 ~ 1.5 千克、氧化钾 1.5~4 千克，氮、磷、钾三者的比例为 3.2∶1∶2.7。

（二）测定土壤供肥能力

土壤养分的测定可到当地技术部门进行。通过测定土壤中含有多少速效养分，然后计算出每亩地中含有多少养分：每亩表土按 20 厘米算，共有 15 万千克土，如果土壤碱解氮的测定值为 120 毫克/千克，有效磷含量测定值为 40 毫克/千克，速效钾含量测定值为 90 毫克/千克，则每亩地土壤有效碱解氮的总量为：15 万千克 × 120 毫克/千克 × 10^{-6} = 18 千克，有效磷总量为 6 千克，速效钾总量为 13.5 千克。

土壤养分利用率：土壤碱解氮 40%~50%；土壤速效磷 120%~140%；土壤速效钾 45%~50%。

由于土壤多种因素影响到土壤养分的有效性，土壤中所有的有效养分并不能全部被玉米吸收利用，需要乘上一个土壤养分校正系数。我国各省配方施肥参数研究表明，碱解氮的校正系数为 0.3~0.7，（Olsen 法）有效磷校正系数为 0.4~0.5，速效钾的校正系数为 0.5~0.85。

公式一：土壤供给养分量（千克/亩）= 2.25 × 土测值（毫克/千克）× 土壤养分利用率

（三）确定玉米施肥量

1. 确定目标产量

目标产量就是当年种植玉米要定多少产量，它是由耕地的土壤肥力高低情况来确定的。另外，也可以根据本地块前 3 年玉米的平均产量，再提高 10%~15% 作为玉米的目标产量。

公式二：目标产量需肥量（千克/亩）= 目标产量 × 生产 100 千克玉米籽粒需肥量

例如：某地块为较高肥力土壤，当年计划玉米产量达到 600 千克/亩，玉米整个生育期所需要的氮、磷、钾养分量分别为 15 千克、7.2 千克和 12 千克左右。

2. 确定玉米施肥量

玉米施肥数量是根据实现目标产量所需要的养分量与土壤供应养分量之差计算的。

公式三：施肥量（千克/亩）=（目标产量施肥量 - 土壤供给养分量）/（肥料养分含量×肥料当季利用率）

氮磷钾化肥利用率为：氮肥 40% ~ 60%、磷肥 15% ~ 25%、钾肥 45% ~ 50%。

肥料中的养分含量：可由肥料商标中查得。

例如：测得某地耕层土壤碱解氮含量为 100 毫克/千克，该地种植玉米，目标产量 10 000 千克/公顷，需施尿素多少千克？

目标产量需氮量 = 10 000 × 2.2/100 = 220（千克）

土壤供氮量 = 2.25 × 100 × 50% = 112.5（千克）

需补施氮肥量 220 - 112.5 = 107.5（千克）

折合成尿素用量：尿素用量（千克/公顷）= 107.5/（46% × 50%）= 467.4

3. 玉米微肥的施用

玉米对锌非常敏感，如果土壤中有效锌少于 0.5 ~ 1.0 毫克/千克，就需要施用锌肥。土壤中锌的有效性在酸性条件下比碱性条件要高，所以现在碱性和石灰性土壤容易缺锌。长期施磷肥的地区，由于磷与锌的拮抗作用，易诱发缺锌，应给予补充。常用锌肥有硫酸锌和氯化锌，基肥亩用量 0.5 ~ 2.5 千克，拌种 4 ~ 5 克/千克，浸种浓度 0.02% ~ 0.05%。如果复合肥中含有一定量的锌就不必单独施锌肥了。

（四）玉米施肥方法

1. 基肥

玉米基肥以农家肥为主，配合施用化肥。一般产量达 650 千克/亩的地块，施农家肥 2 立方米，二胺 7 ~ 10 千克，尿素 10 ~ 15 千克，硫酸钾 7 千克，硫酸锌 1 千克做底肥，结合整地打垄一次性深施 20 厘米以下。

2. 种肥

种肥是最经济有效的施肥方法，玉米施用种肥一般可增产 10% 左右，特别是在底肥施用不足的情况下，种肥的增产作用更大。种肥的施用方法多种，如：拌种、浸种、条施、穴施。拌种可选用腐殖酸、生物肥以及微肥，将肥料溶解，喷洒在玉米种子上，边喷边拌，使肥料溶液均匀地沾在种子表面，阴干后播种；浸种是将肥料溶解配成一定浓度，把种子放入溶液中浸泡 12 小时，阴干后随即播种。

种肥可条施，也可穴施。化肥做种肥时必须做到种、肥隔离；深施肥更好，深度以 10 ~ 15 厘米为宜。生产上多采用二胺或氮、磷、钾复合肥做种肥，用量为 3.5 ~ 7 千克/亩。尿素、碳酸氢铵、氯化铵、氯化钾不宜做种肥。

3. 追肥

玉米出苗以后施用的肥料叫追肥。主要是补充底肥和种肥的不足，及时充分地供给玉米生育过程中所需要的养分，以促进玉米生长发育。玉米追肥主要以速效氮肥为主，常用硝酸铵、尿素做追肥。在土壤缺磷、缺钾是地块上，采用早期追施磷、钾肥，对玉米生长发育和提高产量均有明显的效果。追肥用的磷、钾化肥品种有二胺、过磷酸钙、硫酸钾、氯化钾等。

追肥的时期可根据玉米不同生育期的需肥规律，以及当地土壤供肥能力和肥料供应情况而定，群众的经验是"头遍追肥一尺高，二遍追肥正齐腰，三遍追肥出毛毛。"强调要分别在拔节、大喇叭口和吐丝期追肥，以达到攻秆、攻穗和攻粒的目的。

一般在生产上，中、低肥力地块，由于前期玉米生长缓慢，应在铲二遍地后进行根际追肥，即拔节肥，有利于上部叶片的生长和幼穗分化，壮秆促大穗。高肥地块，玉米长势旺盛，可以在铲三遍地后进行根际追肥，即供穗肥，有促大穗、减少秃尖、防早衰、提高粒重的作用。但最迟也要在 7 月 15 日前一次性追完。对长势差，二三类苗多的地块，要多追一遍肥，实行弱苗偏管，提高玉米田间整齐度，降低空秆率。一般追施尿素 20～30 千克/亩，追肥方法是深刨坑、厚培土。距植株 10 厘米远，刨 10 厘米深度坑，或用垄沟深追肥器追肥。

在玉米生育后期，根部吸收养分能力减弱，如果发现有脱肥现象，可采用根外追肥，及时进行补充养分，能起到促生长、促早熟的作用。一般用 0.3% 是磷酸二氢钾加 2% 的尿素对成混合溶液进行喷洒效果好。用量为 1.0 千克/亩，磷酸二氢钾 0.5 千克/亩，加水 50 千克。

4. 复播玉米的施肥技术

在前茬作物收获后播种玉米，称复播玉米，也叫夏播玉米或晚茬玉米。我国复播玉米地区很广，凡是在上茬作物收后，到夏播玉米后茬作物播种之间，有效积温在 2 300℃ 以上的地方，皆可种植复播玉米。复播玉米生长季节的特点是温度高、生长快、湿度大、易发病，风、旱、雹、涝等灾害性天气较多。在栽培管理上以早为先，以促为主，在施肥上采取前轻后重的原则。

复播玉米的施肥，由于前茬作物吸收后剩余的肥料留在土壤中，一般采用前轻后重的施肥原则，抢茬播种，不施底肥，以化肥作为追肥。

高产田的施肥量，一般每生产 50 千克籽粒，用氮量 1.1～1.25 千克，氮磷钾的比例为 1：0.5：0.7。各期施肥分配比例是，磷钾肥的全部和 20% 氮肥放在苗期施用，80% 的氮肥在喇叭口期施入。

苗期肥料的施用方法，可作为种肥，机播时种子和种肥隔开同时施入；畜播时在播种后，于出苗前距播种行 10～13 厘米处开沟施入，或在定苗后，距苗 10～13 厘米处开沟施入，然后浇水松土，灭茬保墒。肥料少时，可将现有的磷钾肥作为种肥或苗肥施入，氮肥在大喇叭口前期施入。切忌在拔节时一炮轰，将所有肥料一并施入，这样会造成磷钾肥吸收率降低，后期氮肥脱节，还会引起倒伏。若沙质土壤漏肥严重，可将 10% 的氮肥在灌浆期施入，以达籽粒饱满的目的。

第四章 现代玉米生产田间管理技术

一、玉米田间管理技术

（一）北方春玉米区田间管理技术

该区包括黑龙江、吉林、辽宁、宁夏和内蒙古的全部，山西的大部分，河北、陕西和甘肃的一部分，是我国玉米主产区之一。属寒温带湿润、半湿润气候带，冬季低温干燥，全年降水量400～800毫米，其中60%集中在7～9月份。东北平原地势平坦，土壤肥沃，大部分地区温度适宜，日照充足，适于种植玉米。玉米主要种植在旱地、有灌溉条件的玉米种植面积不足五分之一。

1. 及时间苗、补苗和定苗，保证苗全、齐、壮

采用条播和穴播的地块，在玉米长出3～4片可见叶时应及时间苗，达到4～6片可见叶时进行定苗。定苗的原则是"四去四留"，即去弱苗留壮苗，去大、小苗刘齐苗，去病苗留健苗，去混杂苗留纯苗。

如果苗前除草剂的效果不佳，可在苗后补喷对玉米无害的除草剂如玉农乐等。

2. 中耕

在6～7片叶时中耕除草和培土。一般定苗后进行2～3次中耕除草，防止后期倒伏。如果植株表现出缺肥症状，结合中耕要进行适量补肥。

3. 灌溉与追肥

浇水应根据当时旱情状况和玉米生长发育需水规律进行

灌水。

（1）播种期灌水　应充分利用冬季和早春的降水，采用免耕播种的方法。不宜春灌，以免降低地温。若墒情较差，可采用喷灌，在播种和喷施除草剂之后少量灌水。

（2）苗期灌水　如果未出现较为严重的旱象，一般不灌水，对幼苗进行抗旱锻炼，培育壮苗，增强玉米生育中后期的吸水吸肥能力和抗倒伏能力。

（3）拔节—孕穗期灌水　这一阶段以保持田间持水量的70%～80%为宜，若遇干旱应及时灌水。没有在苗期进行补肥的玉米，在大喇叭口期要进行追肥，其追肥量应占总施肥量的40%～50%。在旱作条件下，利用自然降雨进行追肥。玉米借雨追肥是提高产量经济有效的措施。

（4）抽雄—开花期灌水　玉米抽丝期对水分最为敏感，这一阶段以保持田间持水量的70%～80%为宜。玉米抽雄前后是需水高峰期。玉米吐丝后进入灌浆期，对水的需要仍很迫切。

4. 主要病虫害防治

（1）主要病害防治　玉米丝黑穗病，以三叶期前，特别是幼芽期侵染率最高。播种前可用包衣剂对种子处理进行防治。

玉米瘤黑粉病，为局部侵染性病害，在玉米的整个生长过程中陆续发病。彻底清除病残体，割除病瘤必须在病瘤初见时进行，以防止病瘤成熟后冬孢子飞散传播。就是说，必须及时、连续、彻底和大面积全面割除。割下的病瘤要拿出田外处理。

（2）主要虫害防治　黏虫，在6月中下旬，平均100株玉米有黏虫150头时，就需要进行防治。用菊酯类农药灭虫，用量为20～30毫升/亩，或用80%的敌敌畏乳油1 000倍液喷雾；玉米螟，时间掌握在喇叭口末期，BT乳剂0.15～0.2千克/亩，制成颗粒剂，放入玉米的心叶中或加水30升喷雾，或放赤眼蜂1.5万～2万头/亩，分2次释放；蚜虫，治蚜必须及时，尤其是苗期，可喷1 000～2 000倍乐果进行防治。

5. 收获

青贮玉米在蜡熟初期生物产量最高，也是青贮玉米品质最好的收获时期。青贮玉米要边收边贮，及时压实密封，以提高青贮玉米质量和保存时间。高油和高淀粉玉米完熟期收获，籽粒含水量应该降到28%以下。也可在玉米蜡熟后期扒开果穗苞叶晾晒，降低籽粒含水量。有条件的可进行籽粒脱水，以便作为工业加工原料长期保存和运输。

（二）黄淮海春夏播玉米区田间管理技术

位于北方春玉米区以南，淮河、秦岭以北。包括山东、河南全部，河北的中南部，山西中南部。陕西中部，江苏和安徽北部。是全国最大的玉米集中区。该区属温带半湿润气候，年均降水量500~800毫米，多数集中在6月下旬至9月上旬，自然条件对玉米生长发育极为有利。但由于气温高，蒸发量大，降雨较集中，故经常发生春旱夏涝，而且有风雹、盐碱、低温等自然灾害。

1. 及时补苗、间苗、定苗

提高播种质量，保证苗全、苗齐、苗匀是夏玉米高产的基础。生产中如遇缺苗断垄严重，要及时补苗。玉米顶土出苗后，需及时查苗，发现缺苗严重，应立即进行补苗，可采取移栽补苗或催芽补种的方法。移栽时从田间选取稍大一些幼苗，用移苗器带土移栽，移栽后立即浇水，保证成活率。

间苗在3~4叶期进行，定苗在5~6叶展开时完成。拔除小株、弱株、病株、混杂株，留下健壮植株。定苗时不要求等株距留苗，个别缺苗地方可在定苗时就近留双株进行补偿，要求留下的玉米植株均匀一致。为了减少劳动用工，间苗、定苗可一次完成。

2. 灌溉

（1）播种期灌溉 套播玉米在播种前要浇一次水，既有利于小麦灌浆，又有利于玉米出苗。麦茬夏播玉米播种时遇干旱，要进行造墒灌溉，浇水量为 20～30 立方米/亩。热量条件较好的地区，采取先浇水后播种，有利于保证播种质量；热量资源紧张地区，可以采用先播种、后浇水的方法，能够争取 3～4 天时间完成。为了节约灌溉用水，可采用隔行灌水或播种沟灌方式。

（2）大喇叭口期灌溉　正常降雨年份，降雨量能够满足夏玉米水分需要，不需进行灌溉。但有些年份需要在生长的关键时期补水灌溉。大喇叭口期前后一段时间，是夏玉米一生中生长发育最旺盛的阶段，对水肥反应非常敏感，如果遇旱应及时灌溉，每次灌水 30～30 立方米/亩。华北地区秋旱频繁，应根据情况进行灌溉。

3. 中耕

玉米是中耕作物，其根系对土壤空气反应敏感，通过中耕保持土壤疏松有利于夏玉米生长发育。一般中耕两次，定苗时锄一次，第 10 片叶展开时锄一次，可人工或机械锄地。用除草剂在玉米播种后进行封闭处理的田块或秸秆覆盖的玉米地。可在拔节后至 10 叶展开时进行一次中耕松土。

4. 施肥

夏玉米一般不施有机肥，可利用冬小麦有机肥的后效。夏玉米化肥用量为纯氮 8～12 千克/亩，五氧化二磷 6～9 千克/亩，氧化钾 8～10 千克/亩。缺锌地块追施硫酸锌 1～1.5 千克/亩。磷肥、钾肥全做基肥，氮肥分期施。如使用玉米专用长效控释肥，在播种时一次底肥。

（1）基肥和种肥　全部磷肥、钾肥及 40% 的氮肥作为基、种肥在播种时施入，或播种后在播种沟一侧施入。施肥深度一般在 5 厘米以下，不能距种子太近，防止种子与肥料接触发生烧苗现象。

（2）追肥　总氮量的 60% 氮肥在 10 叶展开到大喇叭口期进行根际追肥。

5. 化学除草

玉米播种后出苗前，每亩用40%阿特拉津75毫升+50%乙草胺75毫升，加水50升进行封闭式喷雾，可在地面形成一层药膜，有效防止杂草生长。药效1个月以上。

苗期发现点片杂草结合中耕进行除草。也可用4%玉农乐（烟嘧磺隆）100毫升/亩防除单、双子叶杂草，2,4-D、百草敌、宝收（阔叶散）等防除阔叶草。

中后期如果杂草发生不严重，可不进行除草；如果杂草较多，利用机械除草或用有效量20～40克/亩克芜踪进行定向保护喷雾。

6. 防治倒伏

结合中耕利用人工或机械向玉米根部培土，防止倒伏；或喷施人工生长调节剂壮秆防倒。化学药剂如生根粉、达尔丰等一般用做种子处理或在拔节前喷施。

7. 主要病虫害防治

（1）主要病害　夏玉米主要病害有大小斑病、花叶病毒、粗缩病、黑粉病、青枯病等，应采取综合防治的措施，详见第六章。

（2）主要虫害　夏玉米主要虫害有黏虫、玉米螟、蚜虫、红蜘蛛等，应加强预测预报，根据虫情和历年发生规律，及早采取综合防治措施。

8. 收获

夏玉米苞叶变白，上口松开，籽粒基部黑层出现，乳线消失时，玉米达到生理成熟即可进行收获。早收玉米籽粒不饱满，含水量较高，容重低，商品品质差，且籽粒产量降幅达10%以上，如果为下茬作物腾地必须早收获时，可连秆收获，1～2周后再掰果穗，可使秸秆中的养分再向籽粒运转，能够明显提高产量和品质。

（三）西南山地丘陵玉米区田间管理技术

本区包括四川、贵州、广西和云南全省，湖北和湖南西部，陕西南部以及甘肃的一小部分。玉米播种面积 400 万公顷左右，占全国玉米面积的 1/4，属温带和亚热带湿润、半湿润气候。该区雨量丰沛，水热条件较好，光照条件较差，有 90% 以上的土地为丘陵山地和高原，年平均温度 14～16℃，年降水量 800～1 200 毫米，多集中在 4～10 月份，有利于多季玉米栽培。

1. 施肥

要提高玉米产量，必须增施肥料。生产上复合肥的效果比较好。

（1）施足底肥　有机肥 2 000 千克/亩，35% 玉米专用复合肥 40 千克/亩（或过磷酸钙 40 千克/亩，氯化钾 10 千克/亩），硫酸锌 1 千克/亩或复合锌肥 1.5 千克/亩。

（2）施好苗肥和拔节肥　苗肥用清粪水 3 000 千克/亩，对尿素 5 千克/亩（或碳铵 14 千克/亩）淋施。套作的玉米，当玉米苗在 6～7 片叶全展开，收小麦后及时追施拔节肥，用清粪水 3 000 千克/亩，加尿素 10 千克/亩（或碳铵 25 千克/亩）淋施。

（3）小喇叭口期重施攻苞肥　用人畜粪水 3 000 千克/亩，对尿素 20～25 千克/亩（或碳铵 50～60 千克/亩），距离玉米植株基部 20～25 厘米处挖穴施后覆土。实践证明及时施足攻苞肥，有利于玉米果穗分化及大穗的形成，实现玉米高产的目的。

2. 防治病虫草害

播种期用敌可松 50 倍液拌种，防治大斑病、小斑病；苗床期防治鼠、雀为害，及时查苗补缺；大田苗期防治玉米螟、黏虫、蓟马，消灭枯心苗；中后期防治蚜虫、玉米螟、黏虫和纹枯病，特别是对纹枯病和大、小斑病的及时防治，是玉米稳产增产的保障，切实加强玉米病虫害的综合防治。

3. 人工去雄、辅助授粉技术

重点是把握时间和注意效果，特别是在灾害性气候条件下采用辅助授粉的效果更加显著。

4. 化学调控，抗灾避灾

（1）在玉米1%的植株抽雄时，可用40%乙烯利水剂500倍液30千克/亩，喷施植株上部叶片，促使植株矮化健壮，防止倒伏，提早成熟4~7天，有明显增产作用。

（2）使用丰产素促进玉米早熟增产　用1.4%的丰产素5 000倍液40千克/亩，在玉米抽雄始期均匀喷施植株上部叶片，可改善其品质和增加产量。

（3）使用健壮素壮秆抗倒促早熟　用玉米健壮素0.06%~0.08%溶液40千克/亩，喷施抽雄始期待植株上部叶片，抑制节间伸长，促进茎秆健壮，根系发达，增加产量。

5. 收获

进入完熟期及时收获、晾晒、脱粒。当籽粒含水量达14%以下，统计产量，入库贮藏。

（四）南方丘陵玉米区田间管理技术

该区包括广东、海南、福建、浙江、江西、台湾等省的全部，江苏、安徽的南部，广西、湖南、湖北的东部。玉米种植面积每年约67万公顷，占全国种植面积的3.2%，产量占2.2%。属热带和热带湿润气候，气温较高，雨量丰沛，年降水量800~1 000毫米，分布均匀，全年日照1 600~2 500小时，一年四季都可种植玉米。

1. 品种选择

南方丘陵地区玉米面积较小，能种植一些亚热带玉米品种。但冬季种植的品种要求耐低温和较早熟，还要求抗多种病虫害，如抗茎腐病、锈病、纹枯病等。适宜本区种植的品种主要有：桂顶1号、掖单13号、雅玉2号、掖单12号等。

2. 依据土壤情况，科学配方施肥

（1）需肥标准　据试验，该地区一般每亩产500千克玉米籽粒，需吸收纯氮12.53千克，磷4.5~6.25千克，钾10.51

千克。在常年施氮、磷肥水平较高，土壤含钾较为丰富的中、上等土壤肥力田块，每亩产 600 千克以上玉米籽粒，每亩施纯氮 20～23 千克、磷 5.4～6 千克、钾 5～7.5 千克、硫酸锌 1～1.5 千克。

（2）施肥原则　施肥方法上，春玉米生长季节长，前期温度低，生长较缓慢。需氮肥的关键时期一个是在拔节后，一个是在抽雄穗前后。根据春玉米需肥规律，一般采取施足农家底肥，配施好化肥，用好种肥、功施拔节肥，重施穗肥，补施花粒肥的方法。

（3）施肥方法　中熟、中晚熟杂交玉米种，在水肥较好的田块，密度 3 500 株/亩，化肥施用量多时，可采取"前轻后重"的施肥方法。一般结合整地施农家肥 2 000～2 500 千克/亩的同时，可混合施入总氮素化肥量 30% 左右，磷、钾肥的 70% 左右。化肥可集中沟施，也可用 10% 左右的氮素化肥，20% 左右的磷、钾肥作种。在玉米 6～6.5 叶展开期，攻施拔节肥，每亩深埋暗追 15%～20% 的氮素化肥和全部尚未施用的磷、钾肥，轰苗攻秆；大喇叭口期（10～12 叶展开），重追攻穗肥，每亩施氮素化肥总量的 40%～45%，争取大穗粒多；开花期补施 10% 左右的氮素化肥和叶面喷施磷、钾肥，防早衰、争粒重、夺高产。

（五）西北内陆灌溉玉米区田间管理技术

本区包括新疆的全部，甘肃的河西走廊和宁夏的河套灌区。属大陆性干燥气候带，降水稀少，种植业完全依靠融化雪水或河流灌溉系统。每年种植面积约 67 万公顷，占全国玉米面积的 3% 左右。西北内陆地区热量资源丰富，昼夜温差大，对玉米生长发育和获得优质高产非常有利。但气候干燥，全年降水量不足 200 毫米，因此本地区种植业特点是灌溉系统较发达。

1. 品种选择

一般选用早中熟（90～110 天）、高产（500 千克/亩以上）、抗病虫（抗大小斑病、青枯病，甘肃陇南抗红叶病，新疆抗玉

米粗条纹病及红蜘蛛），耐水、耐肥、抗倒伏的杂交种。主要玉
米品种有中单 2 号、SC704、掖单 13 号、京单 1 号等；另外，陕
西的户单 1 号、陕单 9 号等；新疆的墨单 8621、荷单 2 号；甘肃
有京早 7 号、酒单 2 号等杂交种。

2. 查苗、补种、移栽

查苗：播种 6~7 天后，逐行检查，发现严重缺苗断垄情况
应及时补种移栽。

补种：将种子用清水浸泡催芽，待芽尖露白后挖穴补种。如
遇墒情不足要及时浇水。

移栽：先在缺株处挖穴，将补栽苗连根带土挖移到缺株穴
内，然后填土压实浇水，待水渗完后，覆土。

3. 间苗、定苗

3 叶期将丛苗疏开，5 叶时按株据定苗。若地下害虫严重，
可适当推迟。间定苗时拔掉病株、异株、弱株、保留健壮株。

4. 开沟、中耕除草

为进行沟灌，在拔节前结合施拔节肥在行间用犁开沟，开沟
时要严防压苗伤苗。夏玉米多是硬茬播种，出苗后要及时中耕，
清除株、行间根茬、杂草和破除板结。此外在封行前还应进行
中耕。

5. 施肥

根据夏玉米的需肥规律，其施肥原则是：施足底肥，保证种
肥、重施拔节肥、补施穗肥，添加微肥。总的施肥量应根据土壤
肥力及产量指标而定。

（1）施足底肥　底肥以腐熟的优质有机肥为宜，用量为
2 000~3 000 千克/亩，掺和过磷酸钙 20~30 千克/亩，结合整
地埋施土中。

（2）施好种肥　播种时，施复合肥或碳酸氢铵 3~5
千克/亩。肥料要掩埋并避免与种子直接接触，墒情不足，种肥
应慎施。未施底肥的，磷肥要与种肥同时施入；底肥未施土粪、

磷肥的，磷肥应增至 50 千克/亩。

（3）重施拔节肥　拔节时（7 叶展开），在据苗 10 厘米处开沟或挖穴深施（10 厘米以下）、重施拔节肥。施碳酸氢铵 40 千克/亩或尿素 15 千克/亩；未施底肥的地块则施碳酸氢铵 70 千克/亩或尿素 25 千克/亩。

（4）补施穗肥　大喇叭口期（10~11 叶展开）穴施尿素 5~10 千克/亩。若有脱肥早衰迹象，施肥时间应适当提前，施肥量也可适当增加。

（5）添加微肥　若土壤中缺少锌、硼、锰、铁等微量元素或植株表现有缺素症状时，要施用微肥。一般可用单元或多元微肥拌种。如施用锌肥，可用 4 克硫酸锌溶于 70 克温水中，将溶液均匀喷洒在 1 千克种子上，堆闷 1 小时，摊开晾干后即可播种。

6. 灌溉

（1）灌水量　一般每生产 1 千克籽粒需水 700~800 升。因缺水而致叶片萎蔫卷曲，傍晚仍不能恢复时，就应及时灌溉。

（2）灌溉原则　依据夏玉米需水规律保证出苗水，巧灌拔节水，灌好抽穗水，饱灌灌浆水。灌溉方式为沟灌或畦灌。

保证出苗水：播种时。要求耕层土壤相对含水量不低于 80%，否则就应在麦收前浇灌麦黄水或播后浇灌压茬水。

巧灌拔节水：拔节期要求土壤相对含水量不低于 76%，否则就应灌水。

灌好抽穗水：抽雄开花期要求土壤相对含水量不低于 80%，否则就应灌水。

饱灌灌浆水：灌浆期要求土壤相对含水量不低于 85%，否则就应灌水。

7. 防治病虫害

防治病虫害要坚持早防早治，及时彻底的原则，防治对象主要有黏虫、地老虎、玉米螟等。具体防治方法详见第六章。

8. 防倒伏

对发生倒伏较轻的玉米，若小于45°角，可在倒后1～2天内在相反方向手扶茎秆，用脚踩踏茎基部土壤，相同方向填土支撑，切忌断根与折断茎秆，造成二次伤害。

9. 收获

成熟前后地面若有积水应设法排除。当籽粒变硬，用手指掐后看不到痕迹，并呈固有颜色即可收获。收获后立即编辫上架，防雨淋及烟熏，剩下的净棒与籽粒应立即晾晒，严防堆积发霉。在干燥通风的地方贮藏，并经常检查，防止鼠害和霉烂变质。

二、玉米突发灾害补救技术

我国地处东南亚季风区，属气候脆弱区，气候变化大，是世界上农业灾害最为严重的国家之一。在各种农业灾害造成的损失中，农业气象灾害占60%以上，包括干旱、洪涝、低温、冷害、霜冻、干热风、台风及冰雹等突发性灾难，也是对我国农业的一大威胁。

（一）玉米不同生产区气象灾害的特点

玉米生产中气象灾害的发生与气候及地形等条件密切相关。例如，旱涝灾害集中分布在东北平原、黄淮海平原及长江中下游平原；与温度有关的低温冷害、冰雪灾害等主要发生在气候寒冷的东北地区及地势高峻的青藏高原地区；暴风（包括台风）灾害则以夏季风强盛的东南和东部沿海地区最为严重。

（二）不同气象灾害对玉米生产的影响

1. 干旱

干旱是一种因长期无雨或少雨而造成空气干燥、土壤缺水的气候现象。干旱对玉米生产的危害程度与其发生的季节和玉米品种及生育期有关，是影响玉米生长发育、产量结构和最终产量最主要的灾害。

（1）播种—出苗　春季干旱（4～5月），正是东北、西北、华北等地春玉米播种的季节。干土层厚度5厘米以上，会推迟播种。此时降水稀少，土壤表层的湿度占田间持水量≤50%，对出苗和苗期生长不利，苗不齐。植株矮小、细、弱，根系发育受阻，甚至造成叶片凋萎植株死亡。初夏旱（5月下旬至6月上中旬）正是华北等地麦茬玉米、夏玉米的播种季节。此时期若降水量不足20毫米，总雨量不足50毫米，或表层土壤湿度占田间持水量≤60%，会造成玉米晚播或出苗不好。

（2）拔节以后　植株开始进入旺盛生长阶段，对水分要求迫切，抽雄前10天至后20天，是水分临界期。穗分化及开花期对水分的反应敏感，此时正是伏旱和伏秋连旱易发时期，干旱持续半个月自然会造成玉米的"卡脖旱"使幼穗发育不好，果穗小，籽粒少。干旱更严重时，7月下旬至8月中旬，连续20天雨量不能满足玉米的需求。造成雄穗与雌穗抽出时间间隔太长，授粉不良，果穗籽粒少；雄穗和雌穗抽不出来，雌穗部分不育甚至空秆。

（3）拔节—成熟　以土壤湿度占田间持水的百分率表示：极旱≤40%，重旱40%～50%，轻旱50%～60%，适宜70%～85%，花期小于60%开始受旱，小于40%严重受旱，将造成花粉死亡，花丝干枯，不能受粉。

（4）玉米籽粒成熟　此阶段需水量减少，但干旱缺水，造成籽粒不饱满，千粒重下降。

2. 涝害

涝害为雨量过大或过于集中，造成农田积水，使玉米受到损害；春季大量冰雪融化，土壤下层又未化通，水难以透入下层，也会发生涝害。

（1）苗期　从出苗至第7叶展开易受涝害。当土壤水分过多或积水，造成根部受害，甚至死亡；当土壤湿度占田间持水量的90%就会形成苗期涝害。田间持水量90%以上持续3天，玉米 3 叶期表现红、细、瘦弱，生长停止。连续降雨大于 5 天苗弱黄或死亡。

（2）玉米中后期　玉米是耐涝性较强的作物，地面淹水深度 10 厘米，持续 3 天只要叶片露出水面都不会死亡，但产量受到很大影响。在 8 叶期以前因生长点还未露出地面，此时受涝减产最严重，甚至绝收。若出现大于 10 天的连阴雨天气，玉米光合作用减弱，植株瘦弱，易出现空秆。

（3）大喇叭期以后　玉米耐涝性逐渐提高，但花期阴雨，尤其是 7 月下旬至 8 月中旬降水量之和大于 200 毫米或 8 月上旬的降水量大于 100 毫米，就会影响玉米的正常开花授粉，造成大量秃尖和空粒。

3. 低温冷害

低温冷害是影响我国农业生产的主要灾害之一，是指农作物在生育期间，遭受低于其生长发育所需的环境温度，引起农作物生育期延迟，或使其生殖器官的生理机能受到损害，导致农业减产。

（1）玉米的低温冷害主要发生区　东北三省和内蒙古。玉米生育期遇低温冷害和初霜冻对产量将造成很大影响，为玉米的重要气象灾害。

（2）不同生育阶段的低温冷害

①幼苗期：遇 2 ~ 3℃低温，影响正常生长，－1℃的短时低温幼苗受伤。受冻死亡指标－4 ~ －2℃。日平均气温≤10℃，持续 3 ~ 4 天幼苗叶尖枯萎。日平均气温降至 8℃以下，持续 3 ~ 4 天，可发生烂种或死苗；持续 5 ~ 6 天，死苗率可达 30% ~ 40%；持续 7 天以上，死苗率达 60%。

②拔节期：低温影响发育速度，21℃为轻度冷害，生育速度下降 40%，17℃为中度冷害，生育速度下降 60%，13℃为严重冷害生育速度下降 80%。

③幼穗分化期：日平均气温 17℃，不利于穗分化。

④开花期：日平均气温18℃，授粉不良。

⑤灌浆成熟期：日平均气温16℃停止灌浆，遇3℃低温完全停止生长，气温 –4 ~ –2℃植株死亡。

玉米生育中后期日平均气温15 ~ 18℃为中等冷害，13 ~ 14℃严重冷害。

（3）东北地区玉米低温冷害　低温主要是使玉米生育过程中因热量不足，造成生育期延迟，后期易遇低温、霜冻造成减产。又分两种情况：一是夏季低温（凉夏），持续时间较长，抽穗期推迟，在持续低温影响下玉米灌浆期缩短，在早霜到来时籽粒不能正常成熟。如果早霜提前到来，则遭受低温减产更为严重；二是秋季降温早，籽粒灌浆期缩短。玉米生育前期温度不低，但秋季降温过早，降温强度大、速度快。初霜到来早，灌浆期气温低，灌浆速度缓慢，且灌浆期明显缩短，籽粒不能正常成熟而减产。

4. 高温热害

热害是指较高温度对农业生物造成的危害及由此给农业生产带来的损失。热害不一定需要很高的温度，只要环境温度超过植物的适宜温度，使其生命活动不能正常进行，都会给农业生产造成损失。

玉米不同时期热害指标：苗期36℃，生殖生长期32℃。开花期气温高于32℃不利于授粉，最高气温38 ~ 39℃造成高温热害，其时间越长受害越重，恢复越困难。成熟期28℃。高温干旱持续时间长造成高温逼熟。

5. 风灾

每年的7 ~ 8月经常出现大风、暴雨天气，大风造成玉米茎秆倒伏和折断，影响水分养分输送。如倒折严重，伤口以上枯死，则光合作用和灌浆停止，减产十分严重。玉米大喇叭口期植株已较高，气生根尚未充分发生，头重脚轻易倒伏，对大风最为敏感。

（三）玉米不同生育期的敏感气象因素

玉米产量的丰、歉影响因素是多方面的，其中农业气象条件占着很重要的位置。玉米一生中总会遇到不同程度的气象灾害造成不同程度的损失，玉米不同发育期与气象条件息息相关。

1. 苗期

春玉米适时早播，保证苗齐、苗壮达到丰产，这里包含着前期的苗好，后期的条件适宜。因此播种期是否恰当，直接影响到玉米产量的提高。播种期早温度低，对出苗和苗期生长不利；播种晚，生育期晚遇卡脖旱和秋季低温造成减产。麦茬玉米，播种期过早，使小麦、玉米共生期长，苗期生长不好。播种过晚，后期受低温危害，灌浆期短，成熟不好，产量低。麦茬玉米（华北地区）5 月下旬至 6 月上旬降水量在 30 毫米以上，墒情适宜有利于播种出苗，达到苗齐、苗足、苗匀、苗壮，但此次透雨降在 6 月 20 日以后则不利于适时播种，造成播种晚、生育期短、产量低。

（1）华北麦茬玉米、夏玉米生育期中，热量条件都能满足。产量的丰、歉主要决定于降水量的多少和时间分布。

（2）苗期温度不是玉米播种的限制因子。麦茬玉米的适时早播只要土壤水分占田间持水量的 60% ~ 70% 就可播种。5 月下旬有 20 毫米的降水量，播种后就能保全苗、壮苗，能形成丰产苗架。

（3）6 月下旬至 7 月上旬总降水量在 100 毫米左右，气温适宜，日差较大为丰产年；6 月中旬至 7 月中旬总降水量不足 60 毫米，易造成歉收。

2. 拔节—乳熟

7 月中旬至 8 月上旬总降水量 170 ~ 250 毫米，降水日数 10 ~ 20 天，开花授粉期平均气温 26℃ 左右易形成丰产年；7 月中旬至 8 月上旬总降水量小于 100 毫米，开花授粉期间日平均气温高于 27℃，最高气温高于 32℃，植株倒伏病虫害严重，易形成减产年。

3. 乳熟——成熟期

8 月中旬至 9 月上旬总降水量 120 ~ 200 毫米，日照时数偏多，日差较大，对灌浆增重有利，易形成丰产年。此阶段降水少于 100 毫米、高温干旱、对灌浆增重不利，易形成减产年。

东北、西北、华北的春玉米生育期间干旱、低温是影响玉米产量的主要因子。

4. 东北地区玉米产量与气象

（1）苗期 4 ~ 5 月有雨就可以播种，4 月下旬至 5 月中旬能有一次降水过程，降 20 ~ 30 毫米的透雨，有利于播种，出苗和幼苗生长，形成丰产苗架。但东北地区春季干旱降水少，也经常出现春涝或东涝西旱，严重的年份地面积水，都对播种不利，导致推迟播种，缩短生育期，造成减产。

（2）拔节以后 6 ~ 7 月气温在 25℃，每月降水量都在 100 毫米以上。气温高、热量充足，水分适宜，有利于形成丰产年。此时段气温偏低、热量不足，若降水偏多，出现涝害，影响产量。

（3）抽雄至成熟 气温偏高，初霜冻偏晚是丰产年型。气温明显偏低，初霜偏早影响产量。

（四）现代玉米生产抗灾减灾防御措施

为抗御自然灾害，长期以来我国投入大量资金和人力、物力，建设了一批防御自然灾害的工程，为粮食等农作物生产能力的持续提高，起到了重要的基础性作用。但从总体上看，我国农业目前还属于"靠天吃饭"的产业。每年都有大量的农田受到旱灾、涝灾、洪灾、风灾、雹灾、火灾、病虫害、鼠害等自然灾害的影响。以 2006 年为例，农业受灾面积达到 4 109.1 万公顷，占全国总播种面积的 26.2%，其中，旱灾 2 073.8 万公顷，洪涝灾 800.3 万公顷，造成农作物绝收面积近 500 万公顷。另外还有大量农作物种植面积和草原，遭受了病虫害、鼠害等灾害的影响。

1. 加强气象灾害预测、监测信息中长期服务

为减少气象灾害对玉米生产造成的影响，近几年来，不少地区在立足搞好玉米等主要粮食作物气象业务服务工作的同时，抓紧建设特色农业气象科技示范园和多功能乡镇气象站，成立了乡、村气象信息服务员队伍，进一步加强防灾减灾气象服务工作，完善气象灾害预警信息发布平台，增强防御气象灾害能力，保护农民群众生命和财产安全。

但是，就目前的科学技术水平和自然条件，还有很多自然灾害是不能提前预测、监测的，也无法避免发生。对于已经发生的自然灾害应当采取积极的措施去应对，控制灾害的扩大，阻止其进一步发展，尽可能降低危害程度。

2. 防灾措施

防灾措施包括灾害发生前采取的行动和灾害发生后为防止次生灾害和衍生灾害而采取的措施。根据玉米生产上农业自然灾害发生的情况，主要采取以下几个方面的措施。

（1）加强农田水利设施建设　从全国玉米灾害天气分析，旱、涝灾害发生较频繁，而农田水利设施不太理想，遇涝主渠道堵塞，排水不畅，涝渍害重，减产幅度大，甚至绝收；遇旱水浇面积覆盖率低，受旱面积大，减产严重。因此，要加强农田水利工程建设。一是多打井，加强以抗旱浇水为主的配套设施建设，扩大水浇面积，缓解旱情；二是修建、疏通沟渠，做到沟沟相通，遇洪涝能及时排水，减少洪涝灾害。搞好高效农田基本建设，加强水资源管理和调控，建设水利调蓄工程，研制开发节水灌溉技术，合理规划空中水资源的开发利用。

（2）选用抗灾高产品种　抗逆性强的品种根系发达、根量大、分布广、根系活力强，耐密型品种可减少阴雨寡照天气对玉米造成的影响。因此，要选择耐密型、抗逆性强的品种。如适宜种植的抗逆性强、耐密型的高产品种黄淮海平原有郑单958、浚

单20、中科4号等。

（3）宽窄行种植，合理密植　采用宽窄行种植有利于改善群体内通风透光条件，增强抗倒伏能力。合理密植，能够协调群体和个体的关系，既能充分发挥玉米植株个体的增产潜力，又能显示群体整体的增产功能。可采用80厘米×40厘米、78厘米×42厘米的宽窄行种植方式，种植密度应根据产量指标、品种特性、地力基础、肥力水平、灌溉条件、技术水平、经济基础等综合因素而确定。

（4）种子处理

未包衣的种子可先将玉米种子放入19～25℃的水中浸泡8～10小时，然后捞出在25～30℃的温度下晾干播种。经过种子处理的植株，原生质的亲水性、黏性、弹性及凝聚温度均有所提高，细胞水势降低，束缚水含量较高，蛋白质、核酸合成代谢水平高，抗旱性增强。

（5）推广沟厢种植　每隔4行或6行玉米用犁冲沟，如果是宽窄行种植可每隔1～2个宽行冲沟，以利灌溉、排水，确保旱涝保丰收。

（6）增施有机肥，配方分期施肥　生产实践证明，在同样降水不足的情况下，产量差异很大，这说明水不是限制产量提高的唯一因素，而土壤肥力过低，满足不了作物生长对养分的需要，也影响对水分的利用效率。由于磷能促进有机磷化合物及蛋白质的合成，钾能改善植株碳水化合物代谢，提高原生质的水合能力，增强束缚水含量，还能调节气孔的开闭，以利于光合作用的进行。氮肥过少，根系生长差不利抗旱；若过多，叶片生长过旺，蒸腾面积大，亦不利于抗旱。因此，要增施有机肥，培肥地力，进行氮、磷、钾合理配比，底施一般用优质农家肥3～4立方米/亩，锌肥1千克，化肥按照每生产100千克籽粒需纯氮3千克、五氧化二磷1千克、氧化钾2.5千克的量进行配方。磷、钾肥作底施或于拔节前早施。氮肥要分期深施，即拔节期、大喇叭口期分别施氮肥总量的 30% ~ 40% 和 60% ~ 70%。

（7）使用适当的化学调节物质，可增强原生质的黏性和弹性，提高作物新陈代谢活性，促进根系生长，使植株健壮生长。如在节水栽培中使用保水剂，可大大减少土壤水分的蒸发损失，应用土壤改良剂可改善保水保肥能力；施用抗旱剂可减少蒸腾，增加气孔阻抗；喷施抗寒剂可增加细胞液浓度和抗脱水性；矮壮素等生长调节剂也常用于增强植株的抗风力和抗旱性，提高玉米产量。

（8）推出玉米保险业务，保障农民利益　为提高农业抗御风险能力，切实保障农业增效、农民增收，河南省舞阳县为玉米开展政策性保险业务。参保农户种植的玉米遭到暴雨、洪水、内涝、风灾、雹灾、冻灾、旱灾以及病虫草鼠害等人力无法抗拒的自然灾害，损失程度在 30% 以上时，可以获得保险公司赔偿。这一措施的执行，为农民提供了可靠的灾后减产保障。

3. 补救对策

农业灾害中有很大一部分是缓发型或累计型灾害，其孕育、发生、发展有一个相当长的时期，与突发型灾害相比，有充分的时间采取补救措施。玉米本身也具有一定的补偿机制，如玉米中后期仅倒伏未折断，茎秆还能弯曲向上生长进行光合作用；能忍受一定程度的干旱和涝灾等。因此，应根据情况进行分类管理。

（1）雹灾后的补救　玉米在发芽出苗期遭受雹灾，容易造成土壤板结，地温下降，通气不良，影响种子发芽和出苗，灾后应及时疏松土壤，以利增温通气；拔节到抽雄前，特别是大喇叭口期以前，雌雄穗和部分叶片尚未抽出时遭受雹灾，只要未抽出的叶子没有受损伤，且残留根茬，通过及时中耕、施肥，加强田间管理，一般仍可获得较好收成；玉米抽穗后遭受雹灾，植株恢复生长的能力变差，对产量影响较大。据调查，凡被冰雹砸断穗节的玉米，则不能恢复生长；如果穗节完好，应及时加强管理，促进植株恢复生长，减少产量损失。

（2）玉米倒伏的补救　对成熟前倒伏或茎折的玉米，应及时扶起，以免相互倒压，影响光合作用。对于倒折的玉米，如果只是根倒，可在晴天后立即扶起，增加光合面积；茎倒无需采取补救措施，任其自行恢复生长；如果是茎折，应将数株捆在一起，使植株相互支持。

（3）涝灾后的补救　玉米是一种需水量大而又不耐涝的作物，当土壤湿度超过田间持水量的80%以上时，植株的生长发育即受到影响，尤其是在幼苗期，表现更为明显；玉米生长后期，在高温多雨条件下，根际常因缺氧而窒息坏死，造成生活力迅速衰退，植株未熟先枯，对产量影响很大。据调查，玉米在抽雄前后一般积水1～2天，对产量影响不甚明显，积水3天减产20%，积水5天减产40%。对于遭受涝灾的玉米，要及早排除田间积水，降低土壤和空气湿度，促进植株恢复生长；当能下地时，及时进行中耕、培土，以破除板结，防止倒伏，改善土壤通透性，使植株根部尽快恢复正常的生理活动；及时增施速效氮肥，加速植株生长，减轻涝灾损失。

另外，玉米遭受冰雹及涝灾后，往往会使植株的生长发育受阻，必要时可进行人工促熟。

三、玉米间套作技术

农业生产上间套作的特点是通过各类作物的不同组合、搭配构成多种作物、多层次、多功能的作物复合群体。把夏与秋、高与矮、喜光与耐阴等不同习性作物组合配套，既保证各自发展，又要求互相促进、互相补充，克服与减少共生期矛盾，提高对土地、时间、光能、热能等利用率。

目前，玉米间套作已经成为玉米产区提高土地利用率，促进农作物高产、高效、持续增产的重要技术措施。目前生产常见的玉米间套作模式有玉米和花生（或大豆）间作、玉米与马铃薯间作、夏玉米与辣椒间作、麦田套种玉米等。下面以玉米大豆间作、小麦套种玉米为例对玉米间套作的技术要点进行说明。

（一）玉米大豆间作技术要点

大豆是营养价值和经济效益较高的养地作物。近几年来，北方主要冬小麦产区，大豆被视为低产作物而种植面积下降，一般仅占玉米播种面积的3%左右。如把玉米、大豆间作种植，发挥这两种作物的优势，可起到互补作用，既能增加单位面积产量，又能显著提高单位面积营养素的产量，提高经济和社会效益。通过试验、示范、推广证明。大豆间作玉米至少有以下几方面的效益。

1. 产量高，经济效益好

间作每亩（大豆、玉米混合产量）比单作大豆高 1.7~2.3 倍，相当于单作玉米的 92.6%~99.4%，接近每亩400~500 千克玉米的产量。

2. 种植方式

大豆间作玉米的形式，各地多种多样。一般大豆与玉米间作的行比，以2行大豆间作2行玉米，或4行大豆间作2行玉米，或4行大豆间作3行玉米为好，这3种间作方式的群体结构均较为合理；既可以发挥玉米边行优势，增加玉米产量的效果，又可以减少玉米对大豆的遮阴，获得一定的大豆产量。水肥条件较好的地块也可实行2行大豆6行玉米的间作方式。

玉米大豆间作，玉米可适当缩小行、株距，增大密度，以充分利用间作田间透光良好的环境条件，发挥玉米边行效应的增产潜力；大豆则要适当缩小行距，增大株距，减少密度，以改善大豆田间通风透光的条件，使大豆植株个体得到较好的营养面积。一般玉米行距40厘米，株距20厘米，大豆行距27厘米，株距10厘米，大豆密度为1万~1.3万株/亩，玉米留苗4 000~9 000株/亩。

3. 栽培技术要点

（1）选用适宜品种　玉米品种应选用秆硬抗倒、叶片收敛、生育整齐、适于密植的良种，如冀单 10 号、鲁原单 4 号、京早 7 号等，大豆品种选用早熟性或耐阴结荚多的品种，如吉林 3 号、冀豆 4 号、铁丰 18、铁丰 19 号、承豆 1 号等。

（2）水肥管理　播种前需造墒，增施种肥，一股施复合肥 5～7 千克/亩，保证苗全苗壮。幼苗期这两种作物都比较耐旱，一般不干旱可不必灌溉，有利蹲苗，促根深扎。大豆开花以后，玉米到拔节以后，需水量就明显增加；特别是大豆结荚鼓粒期和玉米抽雄期前后是这两种作物的需水临界期。如果气候干旱，要及时浇水。这两种作物间作，生育期进程比较一致，在土壤缺水时，可同时灌溉。但在追肥上，则要分别进行。大豆需要追施的氮肥量少，一般在花期追 1 次磷酸二铵等复合肥 15～20 千克/亩即可；玉米需肥量大，一般在拔节、大喇叭口和抽雄时分别追肥 1 次，追施碳酸氢铵 30～40 千克/亩。或在拔节期追施 40 千克/亩，在大喇叭口期追施 50～55 千克/亩碳酸氢铵。

（二）麦田套种玉米技术要点

麦田套种玉米高产区主要分布在华北及黄淮海平原的一年两熟地区。选择排灌方便、土质较好、肥力中上的地块，秋季平田整地，施足基肥。

1. 种植方式

小麦套种玉米的种植方式很多。目前，生产上普遍方式为 1.6 米一带，即冬小麦占 0.8 米宽，每畦种 4 行；玉米 0.8 米宽，垄作，玉米垄面宽 80 厘米，垄高 10～15 厘米。播种两行，小行距 0.4～0.5 米，在混合面积中小麦和玉米各占一半。

2. 主要技术措施

（1）选择适宜的品种　冬小麦宜选用矮秆、抗病、高产的品种，如鲁麦 21 号、京冬 8 号等；玉米应选择紧凑型中晚熟品种，如郑单 958、农大 108 等。

（2）高质量播种　一是播期要适宜。冬小麦在 9 月下旬至 10 月初播种为宜，玉米在 5 月中旬播种，即麦收前 15～20 天播种；二是播种质量要高。小麦播种时要保持地面平整，无土块，深度在 3~5 厘米；玉米播前要晒种，提倡种子包衣，要在墒情足时播种，墒情不足要结合小麦后期浇水造墒，施足底肥；三是合理密植。种植密度因品种而宜，中晚熟紧凑型玉米品种一般保苗 5 000 株/亩。

（3）施肥 ①基肥：一般施农家肥 40 000 千克/亩。化肥提倡配方施肥，追施碳酸氢铵 50 千克/亩，过磷酸钙 500 千克/亩，或颗粒磷肥 300 千克/亩，最好秋施。②种肥：小麦播种时一般施种肥磷酸二铵 12.5 千克/亩，玉米播种时施磷酸二铵 6 千克/亩。③追肥：小麦于 4 月下旬灌头水之前，追施尿素 10~12.5 千克/亩。玉米追肥 3 次，结合小麦灌水进行，苗期（5 月 20 日前后）追施尿素 10~12.5 千克/亩；穗期（6 月下旬）追施尿素 25~30 千克/亩或碳酸氢铵 60~70 千克/亩；粒肥于麦收后（7 月中旬）进行，追施尿素 10~15 千克/亩或碳酸氢铵 30~40 千克/亩。

（4）灌水 第一次灌水在 4 月下旬，促进小麦穗大粒多；第二次灌水在 5 月上旬，促进小麦后期灌浆，同时为玉米播种造墒；第三次灌水在 5 月下旬（玉米苗肥）；第四次灌水在 6 月下旬（玉米穗肥）；第五次灌水在 7 月下旬（玉米粒肥）；第六次灌水在 8 月底至 9 月初，防止植株早衰，促进玉米籽粒灌浆。

（5）防治病虫草害 ①除草：主要除小麦田间双子叶杂草，在玉米出苗前，用 72% 的 2,4-D 丁酯乳油 40 克/亩，加水 450 克喷雾。②虫害防治：密切注视蚜虫虫情，小麦拔节期二叉蚜的百株蚜量达 5 头，孕穗期的混合种群百株蚜量达 50 头，抽穗期达 250 头时，用避蚜粉雾剂 10~15 克/亩，或用 2.5% 敌杀死或 20% 速灭杀丁乳油 10~15 毫升/亩，加水 30~40 千克喷雾，防治蚜虫。4 月底前必须清除上年的玉米秸秆。在大喇叭口期（6 月下旬至 7 月上旬），用功夫乳油 10~15 毫升，来福灵 8~15 毫升，与 20 千克的沙土拌成毒土（或加水 20~30 千克拌成毒液），每株玉米用 3～5 克毒土或毒液灌心，防治玉米螟。

（6）收获　小麦应在蜡熟末期及早收获，玉米必须在 9 月底苞叶全部变白，叶片发黄变干，籽粒具有光泽、变硬时适时收获。

（三）玉米间套作的优势

1. 充分利用光、热、水、土等自然资源和劳动力资源，实现增产增效

一是间套作能改善田间环境，充分利用环境资源。例如：马铃薯、玉米间作，在马铃薯开花、结薯时怕高温，需要湿润环境，而此时正是套种玉米拔节孕穗期，生长量较大，对马铃薯能起到遮阴、降温作用，从而减弱薯块的退化；待马铃薯成熟收获后，又为玉米创造了通风透光条件，有利于玉米生长。

二是发挥边际效应，利用边行优势。例如：小麦玉米套种，小麦播种早、收获早，玉米则反之。在小麦灌浆之前，玉米处于苗期，植株矮小，玉米带成为小麦的通风透光通道。处于边行的小麦边际效应明显。当玉米株高超过小麦，特别是麦收以后，小麦变成了玉米的通风透光通道，玉米的通风透光条件又得以改善。

三是充分利用生长季节。就华北北部和东北南部的生长季而言，大部分是一年种一季作物有余，种两季作物不足。通常把早春作物与大秋作物间套作在同一块地上，两种作物衔接，既不浪费生长季节，又可一地双收。例如春小麦、玉米间套种，比清种玉米提早 1 个月利用土地。同时两种作物在生育期间对光、温、水、肥等条件需求的差异，两种作物的苗期、生长旺盛期和后期交替出现，可以避免彼此竞争，更能充分利用生长季节的热量资源。

四是调节茬口。套作不仅可以提高后茬作物的产量，还因比接茬复种提早播种、收获，起到了调节茬口、缓和季节与劳动力及水肥运筹等诸多矛盾。

2. 稳产保收

不同的作物抗御自然灾害的能力不同，合理的间、混、套作能利用复合群体内作物的不同特性，增强对灾害天气的抗逆能力。如在台风冰雹多发区，可采用玉米与甘薯进行间作，在受到大风冰雹危害时，玉米可能大幅度减产甚至绝收，但甘薯却能保证一定的产量，确保复合群体稳产保收。华北的玉米与大白菜套作能减轻后者的病虫害，实现稳产保收。

3. 有利于缓和作物争地的矛盾，实现多作物增产、增收

我国农业属于资源约束型，人、地、粮、资金在现有的技术水平下不可能彻底解决，只有合理的运用间套作，实行一地多种多收，才能缓和粮、棉、饲、绿肥争地的矛盾，并促进土壤用养结合，从而减轻人、地、粮、钱的压力，促进农业结构的合理调整和农业生产的持续稳定发展。

（四）玉米间套作的注意事项

生产经验表明，发展玉米间套作种植，要从当地实际出发，需注意以下几个方面的问题：

1. 因地制宜，不同的间套作模式有不同的生态与经济适应性，各地在发展上应注意结合当地的实际情况，选择适宜的间套作模式才能打好增产增收的基础。

2. 在选择与玉米间作作物时，应注意不同作物的需光特性、生长特性以及作物之间相生相克原理，发挥作物有益作用，减少作物间抑制效应。

3. 处理好与农机结合的问题，间套种植与农业机械化之间有着不可避免的矛盾，怎样解决这个矛盾，对于降低投入、增加收入至关重要，因而合理使用农业机械（如采用适当的行距，便于机械化作业）也是生产需要解决的问题。

4. 密切注意市场，预测市场变化，发展与市场相适应的作物间套种植，才能提高经济效益，对于推进农村经济发展起到重要的作用。

5. 注意发展与间套作配套的农产品加工、贮藏、运输、销售的环节，解决农民的后顾之忧，提高农民的生产积极性。

四、玉米地膜覆盖技术

玉米地膜覆盖栽培，是以保温、保墒、保肥为主的一项集成配套高产栽培技术，充分发挥杂交良种、配方施肥、科学管理的综合作用，实现玉米高产稳产，全年增产增收。

（一）播前准备

1. 选好地块，精耕细整

玉米地膜覆盖栽培，是精耕细作高效种植技术，只有选好地块，精细耕整，才能打好高产基础。

（1）选地 宜选择土层深厚、土质疏松、有机质丰富、肥力中上等的坪地或缓坡地。陡坡地、渍水地、岩壳地、石渣地都不宜覆膜。

（2）整地 冬季深翻炕土，播种前耖耙或旋耕碎垡，拣出石块、未腐烂的前作根茬和杂草，达到耕层深厚，透气性好，土壤细碎，土面平整的标准。

2. 因地制宜，选用良种

选用优良的杂交玉米品种，是玉米地膜覆盖栽培创高产的重要条件之一。只有选择比当地露地栽培品种的生育期长 10～15 天、产量潜力大的杂交品种，才能充分发挥地膜覆盖栽培的增产优势。

（1）低山地区 宜选用登海 9 号、堰玉 18、宜单 629、中农大 451、华玉 04-7 等。

（2）二高山地区 宜选用鄂玉 25、鄂玉 18、华玉 9 号等。

（3）高山地区 可选用正大 999、湘西 10 号、天池 3 号、西山 60 等品种。

3. 精选种子，搞好处理

播种前选晴天晒种 2 ~ 3 个太阳日，降低种子含水量，增强种子对水分的渗透力，促进酶的活性，以提高种子的发芽率和发芽势。种子晒好后进行筛选，清除破烂粒、虫伤粒，把大小粒种子充分分开，便于分级播种。未用种衣剂包衣的种子可使用粉锈宁拌种，预防病害和地下害虫为害。方法是 15% 粉锈宁，按 5 克药拌 1 千克种子的比例，把种子和粉锈宁装入塑料袋内，扎紧袋口，充分晃动，以药剂全部黏附在种子上为标准，拌匀后即可播种，随拌随播。

4. 选购地膜，备足肥料

地膜是覆盖栽培的主要生产资料。地膜的幅宽、厚度、拉伸强度等质量好坏，直接影响到增温、保墒、保肥的效果。应根据玉米种植方式、土壤质地、生产成本等因素选购地膜，并做好及早备肥等工作。

（1）选购地膜　套种方式、土壤细碎的地块可选用 0.005 毫米厚、幅宽 60 厘米的强力超微膜；土壤石渣较多、保水保肥能力较差的地块，宜选用 0.008 毫米厚、幅宽 70 厘米的微膜。

（2）备足肥料　肥料是作物的粮食，要想夺高产，必须多施肥，尤其要增施有机肥。山区自然有机肥源比较丰富，应多积造优质农家肥，每亩备足 2 000 ~ 3 000 千克腐熟农家肥，按测土配方要求购足商品化肥，为玉米高产打好物质基础。

（二）播种覆膜

1. 带状种植，沟施垄种

山区杂交玉米地种植方式，一般都是带状种植，带宽 150 ~ 200 厘米，秋播时用一半宽的面积种植小麦或马铃薯，预留半幅起垄种植 2 行玉米。

（1）带宽设置　高山和二高山地区，种植方式以马铃薯套种玉米为主，带宽设置 150 厘米比较适宜，冬播种植 2 行马铃薯，预留 80 厘米，春季起垄套种 2 行玉米；低山地区的种植方式以小麦套种玉米为主，带宽设置 170～200 厘米较为适宜，小麦播幅 50%，预留 50% 起垄种植 2 行玉米。种植带向依据地形、地势、常年风向等自然条件而定。地势平坦的地块采取东西向种植；缓坡地依据地势等高线水平设置；风口处要按风向设置。即便于田间操作，又能减轻玉米遭受风灾造成的倒伏危害。

（2）沟施垄种　在预留的玉米种植垄上，从中间开 20 厘米深的沟，将有机肥、磷、钾、锌肥及作底肥的一部分，氮肥全部施入沟内，然后覆土盖肥起垄，垄高 15～20 厘米，每垄条穴播种两行玉米，行距 33 厘米左右。

2. 适时足墒，定距播种

玉米地膜覆盖栽培，把好播种质量关十分重要，包括播种时期、播种密度、播种深度等。

适期播种。播种适期要考虑两个方面的因素，即温度达到种子发芽的要求，土壤墒情能满足种子发芽和幼苗生长所需要的水分，出苗后避免晚霜冻害。播种时间一要看温度，气温稳定通过 8℃，土壤表层 5 厘米深处温度稳定通过 10℃ 以上，出苗后能避开 -3℃ 左右的低温危害；二要看水分，土壤水分保持在田间土壤持水量的 60%～70%。一般掌握地膜覆盖比露地提早 10～15 天播种为宜。播种方法可采用开沟条穴定距摆播或打窝错穴点播，播种覆土深度 3～4 厘米为宜，播种密度依据品种特征特性而定，一般紧凑型品种、中穗型品种、高山地区可适当密植，4 000～4 500 株/亩为宜；半紧凑型或平展型品种、大穗型品种、中低山地区适当稀植，3 500～4 000 株/亩为宜。

3. 化学除草，严密覆膜

玉米播种后用平口耙将垄面整平，清除石块、残枝，喷施化肥除草剂，随即覆盖地膜，覆盖方式可采取人工覆膜或机械覆膜，不管哪种方式，都必须把膜拉紧，铺平，四边用土封严，膜面保持 35 厘米以上，以利于采光增温。

4. 深开沟渠，防涝排渍

南方地区玉米生长期间雨水比较多，尤其是西南地区，降雨日数多，雨量大。易出现渍涝灾害，特别是峡谷冲积坪田，必须开好田间排水沟和田外排水沟，确保暴雨期间无涝灾，雨后田间无积水。开沟标准：坪墒地中间开"十字沟"，沟深 25～30 厘米；四边开围沟。沟深 35～40 厘米，沟沟相通，沟直底平，排水畅通。靠山坡的地块，山边要开一条大排水沟，以拦截山上的雨水，防止进地冲毁农作物。

（三）田间管理

1. 破膜放苗，查苗补缺

玉米地覆膜栽培的出苗比较集中，幼苗生长比较快，要切实做好破膜放苗，预防苗子徒长或晴天中午高温烧苗，发现缺苗及时补栽，确保全苗。

（1）及时放苗 正常情况下，一般在播种后 12～15 天，幼苗 2 叶 1 心期放苗；遇到寒潮天气，可在冷尾暖头及时放苗；若遇晴天高温，应在下午 16 时后放苗。放苗的方法比较多，可用竹签、铁丝钩等准苗上的地膜破 1～2 厘米的小孔，将苗放出膜外，并用细土封严膜口。

（2）查苗补缺 因土壤墒情不足造成的却苗断垄，应及时采取温水侵种催芽补种，浇足水分，细土盖种。若遭受地下害虫为害造成缺苗，可采取移苗补栽，或在相邻播种穴上留双苗，确保种植密度。

2. 适时定苗，除掉分蘖

玉米地膜覆盖栽培，幼苗生长快，分蘖比较多，应适时定苗，及时去掉分蘖是培育壮苗的重要技术环节。

（1）定苗时间 可依据 3 个方面的情况而定，一看叶龄，在正常情况下，当幼苗生长到 4 片叶左右时定苗；二看害虫，地下害虫比较多的地方，可适当推迟定苗时间，以 5 叶期为宜；三看天气，寒潮过后及时定苗，预防寒潮造成损伤或死苗。

（2）定苗方法　在掌握去弱留壮的基础上，去苗时用左手按住要留苗茎基，右手捏住应拔掉苗子的茎向上连根拔起，避免影响所留苗的根系生长。

（3）早去分蘖　地膜玉米生长健壮，常在 7～8 片叶期，从基部 1～3 节叶鞘内长出分蘖，既消耗养分，又不能成穗，应及早除掉。去蘖的方法是用手横向掰掉，不能向上拔，最好在晴天去蘖，有利于伤口较快愈合，减少病害侵染。

3. 定距打孔，追施穗肥

玉米进入拔节孕穗期，是营养生长和生殖生长旺盛的阶段，也是玉米一生中吸收养分最快、数量最多，决定株壮、穗大、高产的关键时期。尤其是地膜覆盖后，地温升高，墒情适宜，微生物活动旺盛，加速养分分解，促进植株生长茂盛，适时足量追肥穗肥，增产效果十分显著。

（1）追肥数量　依据玉米需肥规律及苗情长势，确定适宜的追肥数量。产量水平在 500～600 千克/亩的地块，需要吸收纯氮 15～16 千克，在底肥施足 70% 的基础上，每亩穗肥需施纯氮 6 千克左右，相当于 13 千克尿素，对长势差的适当多施、偏施、长势旺的适当少施。

（2）追肥时间　玉米追穗的最佳时间在雄穗分化小穗和小花期。此时叶龄指数为 50～60，植株外形为大喇叭口期。如以总叶数 20 片的中熟品种为例，全展叶 10～11 片，追肥比较适宜。对叶色淡绿色呈现脱肥现象的田块，可提早 3～5 天追肥。

（3）追肥方法　推广打孔追肥，提高肥料利用效率。使用打孔器在行株间打孔，每两株间打一孔，把肥料丢入孔内，随即用细土封严空口。

4. 培土壅苑，预防倒伏

玉米地膜覆盖栽培，植株生长旺盛，在雨水多、风灾频繁的高山地区，要特别加强预防倒伏措施。

（1）倒伏　选用株型紧凑、茎秆弹性好、根系发达、抗倒伏性强的品种，预防倒伏。

（2）抗倒 在植株大喇叭口期、抽雄期分两次进行培土，每次培土高度以 3~5 厘米为宜，促进玉米植株基部节气生根系生长，增强抗御风灾的能力。

（3）救倒 遇到突袭的大风、暴雨、造成玉米植株倒伏，应在风雨停止后及时经行人工扶正，将植株扶起，用脚踏实根部，再进行培土。

5. 辅助授粉

大田玉米生产中，在玉米吐丝散粉期遇到高温或长期阴雨等不良天气的影响，常会造成玉米雌穗授粉结实不正常。预防的有效措施是人工辅助授粉。方法是玉米植株开花吐丝期，晴天或阴天上午 9~11 时，一人左右手各拿一根 3 米长的竹竿，顺玉米行间向两边推动植株，促进花粉散落，以提高花丝授粉和结实率。

6. 控制虫害，预防病害

为害玉米的主要害虫有地老虎、玉米螟、蚜虫等，常发病有纹枯病、茎腐病、死黑穗病、大（小）斑病、锈病、褐斑病等。防治措施以农业措施为基础，物理和生物措施为重点，化学措施为辅助（详见第六章）。

7. 适时收获，清拣废膜

（1）适时收获 玉米果穗籽粒基部出现黑色层，籽粒的养分通道已经堵塞，标志着籽粒已达到生理成熟；从植株外形看，果穗苞叶由绿色转黄，应适时收获，可使低山和高山地区为套种作物早腾茬，在高山地区减少阴雨霉烂及野兽为害，达到高产丰收。

（2）清拣废膜 玉米收获后，地膜已经破碎，不能继续使用，如果不清拣干净，残留在土壤内，难以腐烂，污染环境，为害农作物根系生长。要在玉米收货后，将废膜清拣干净，集中销售或处理。

第五章　现代特用玉米生产技术

特用玉米用途广泛，除直接作粮食和饲料外，还是淀粉工业、食品工业、酿造业等优质原料。随着人民生活水平的日益提高，特用玉米这种特殊的消费食品备受消费者的青睐，特用玉米的价格、产值也比普通玉米高出数倍。因此种植特种玉米能获得较好的经济效益，是广大农民致富的新途径。与普通玉米相比，特用玉米在栽培技术上有其特殊的要求。

一、甜玉米生产技术

（一）甜玉米特性

甜玉米又称蔬菜玉米或水果玉米，是一种菜果兼用的新兴食品，具有甜、黏、嫩、香的特点。甜玉米有普甜、超甜和加甜 3 种，普甜玉米含糖量 10% ~15%，超甜玉米含糖量 20% ~25%，加甜玉米兼有甜玉米和超甜玉米特点。3 种甜玉米的含糖量都明显高于普通玉米，而且人体所必需的铜、锰、锌等微量元素的含量也是普通玉米的 2 ~8 倍，赖氨酸、维生素 E、钾、钙的含量也明显高于普通玉米，含油量比普通玉米高一倍以上，维生素含量也较高，具有丰富的营养价值，并易于被人体消化吸收，是老弱病人及婴幼儿的美味食品。

（二）甜玉米的栽培技术要点

1. 选择适宜的品种

根据用途选用适宜的甜玉米品种，以幼嫩果穗作水果、蔬菜上市为主的，应选用超甜玉米品种，如鲁甜玉 1 号、甜甘玉 8 号等；以做罐头制品为主的，则应选用普通甜玉米品种，并按厂家对果穗大小、重量的要求，选择合适的品种，如鲁甜玉2号、加甜16号等。在选用品种时，应注意早、中、晚熟品种搭配，不断为市场和加工厂提供原料。

2. 隔离种植

为避免串粉失去甜性，甜玉米需要隔离种植。如果普通玉米或者不同类型的甜玉米串粉，就会产生花粉直感现象，变成了普通玉米，失去甜味。常用的隔离方法除空间隔离外，还有时间隔离。空间隔离距离一般为400米以上，也可利用村庄、树林、山丘等障碍物进行隔离；时间隔离主要是采用错期播种，播期应相差30天以上，使甜玉米与普通玉米或不同类型的甜玉米花期错开。

3. 整地

施足有机肥，复合肥为（氮、磷、钾的比例为10：8：7）35~45千克/亩，硫酸锌150千克/亩，将地翻耕，耙平耙细。

4. 适时、精细播种

甜玉米生育期短，应根据市场和加工特点，采用育苗移栽和地膜覆盖的播种方式。为提早上市可育苗移栽，华北平原一般3月下旬育苗，3叶期移栽；地膜覆盖可在3月底4月初播种。为保证连续上市，可早、中、晚熟品种搭配，分期播种，分期采收。

种植甜玉米应像种植蔬菜一样，土壤细碎，上虚下实，因甜玉米顶土能力弱，适宜的播种深度为：超甜玉米不宜超过3厘米，普甜玉米不宜超过4厘米，播种后要适当镇压保墒。对于煮食鲜嫩果穗为目的种植的甜玉米，为提早上市，提高经济效益，可采用地膜覆盖栽培。

5. 合理密植，加强田间管理

甜玉米出苗率低，苗势较弱，种植密度一般高于普通玉米30%~50%，一般为3 000~4 000株/亩；如供采收玉米笋栽培，还可适当加大密度，以达到增穗增收的目的。

为确保苗全苗壮，获得较高的产量和优质产品，加强苗期田间管理尤其重要。一是及时防治病虫；二是适时间苗、定苗，一般 4～5 片叶时间苗，6～7 片叶时定苗。

6. 适时采收

由于甜玉米籽粒的含糖量因不同的时期而变化，所以对采收期的要求比较严格，一般在吐丝后 22～28 天采收。如果采收过早，籽粒含水量大、干物质少、味淡、产量低，不易保存；采收过迟，籽粒内糖分转化成淀粉，种皮加厚，吃起来皮厚，渣多，风味降低。

甜玉米鲜穗采收后，仅能存放 1～2 天，否则将影响品质。

二、爆裂玉米生产技术

（一）爆裂玉米特性

爆裂玉米俗名麦玉米、尖苞米、爆花玉米等，是一种专门用来爆制玉米花的玉米类型。爆裂玉米果穗籽粒较小，含有丰富的蛋白质、淀粉、脂肪、无机盐及多种维生素，胚乳全部为角质淀粉，千粒重 100～160 克。籽粒受热后可自然爆裂，形成膨大的玉米花，膨爆倍数可达 30 倍以上，爆裂率超过 98%。用爆裂玉米加工的爆米花具有独特风味和较高的营养价值，香甜酥脆，方便卫生，还具有促进消化、减肥的功效，深受人们喜爱。

爆裂玉米分为米粒型和珍珠型两种，米粒型较多，穗粒更小，长而光，秃尖锐以刺；珍珠型籽粒较细小，顶部呈圆形。

（二）爆裂玉米的栽培技术要点

1. 品种选择

比较好的爆裂玉米杂交种有鲁爆玉 1 号、沪爆 1 号、成都806 和黄玫瑰等。

2. 选地隔离

（1）选地 爆裂玉米籽粒小，芽势若，应选择在土壤肥沃、

排灌方便、质地沙壤、墒情好的地块种植。播种深度 3 ~ 4 厘米
出苗率高。

（2）隔离 大多数爆裂玉米品种都具有异交不育的特性。
即植株果穗的花丝仅能接受自身或同品种的花粉受精结实，但不
是所有的爆裂玉米品种都有异交不结实的特性。所以为了确保爆
裂玉米的爆花质量，一般要与其他不同品种的玉米隔离 200 米
以上。

3. 合理密植

多数爆裂玉米的生育期为 120 ~ 125 天，株型清秀紧凑，棒
子细，籽粒小，单株产量低，因此种植密度要比当地的普通玉米
高 10% ~ 20%，达到 4 000 ~ 5 000 株/亩。

4. 错期播种

爆裂玉米一般雄穗发育快，雌穗发育慢，苞叶紧。分期播种
有利于授粉，防止秃尖。一般先隔行播种，5 天后再在空行中
播种。

5. 合理施肥

爆裂玉米苗期生长慢，要施足基肥，分期追肥。犁地前施有
机肥 5 吨/亩，播种时施磷酸二胺 10 千克/亩。以后结合灌水，
拔节期施尿素 20 千克/亩，大喇叭口期施硝铵 30 千克/亩，开花
期施碳铵 20 千克/亩。

6. 适时灌水

爆裂玉米全生育期需灌水 4 ~ 5 次。在即将封行时，每隔 15
天灌水一次，以保证田内湿度。

7. 控制杂草

爆裂玉米苗期生长慢，不像普通玉米那样可以迅速形成一个
优势群体抑制杂草生长，所以应注意防治杂草。可在播种后、出
苗前使用乙阿合剂 300 ~ 400 克/亩，加水 30 ~ 40 千克喷洒地面。
3 ~ 4 叶期，结合施肥进行浅中耕，7 ~ 8 叶期，结合施穗肥深中
耕除草。

8. 去除分蘖

爆裂玉米苗期分蘖较多应及时除去，增强田间通风透光能力。

9. 适时采收及贮藏

爆裂玉米籽粒达到充分成熟时再收获，才能加工出最大膨爆系数的爆米花。如果提前收获影响爆米花的质量；过分推迟收获期，有时在田间可零星发生自然爆裂现象，如遇阴雨天气籽粒容易发生霉烂，因此籽粒成熟要适时采收。籽粒收获晾晒过程中注意避免损伤种皮和胚乳，保证籽粒的完整，防止过度暴晒。在脱粒晒干后，于干燥处贮藏，注意防湿防霉。

三、高油玉米生产技术

（一）高油玉米的特性

高油玉米的含油量一般在 8.2% 左右，比普通玉米高 50% 以上，胚的含油量高达 47% 以上，所以被称为高油玉米。此外，高油玉米比普通玉米蛋白质含量高 10%～12%，赖氨酸含量高 20%，维生素含量高也较高，是粮、饲、油三兼顾的多功能玉米。玉米油是一种高质量植物油，味道纯正、营养价值高，具有保健功能，易被人体吸收，吸收率可达 98% 以上，是人类理想的食用油和保健油。高油玉米是高能优质饲料的重要原料，具有降低成本、节省饲料、提高畜产品品质等作用。高油玉米的产值接近油料作物和粮食作物之和，种植高油玉米有利于缓和油、饲争地的矛盾，提高我国有限耕地的利用率。高油玉米还是肥皂、油漆、润滑油、人造橡胶和皮革等工业产品的原料。

（二）高油玉米栽培技术要点

1. 品种选择

正确选用优良杂交种是实现高油玉米高产的重要措施。选用紧凑型、含油量高、高产抗病的优良品种。如中国农业大学培育的高油 115 号、高油 6 号、高油 8 号等。

2. 适期早播

高油玉米一般生育期较长，籽粒灌浆速度较慢，中后期温度偏低，不利于高油玉米正常成熟，影响产量和品质。因此适期早播，延长生育期，是实现高产的关键措施之一。春播可在 5 ~ 10 厘米地温稳定在 10 ~ 12℃时播种，套种在麦收前 7 ~ 10 天播种，夏直播在麦收后抢茬早播。

3. 精细播种，合理密植

高油玉米抗倒伏能力不强，机播用种 3 ~ 4 千克/亩，点播用种 2 ~ 3 千克/亩；播种深度以 5 ~ 6 厘米为宜，行距 60 厘米，株距 25 厘米，保证密度在 3 000 ~ 3 500 株/亩，不宜超过 4 000 株/亩。

4. 科学施肥

为使植株生长健壮、提高粒重和含油量，应增施氮、磷、钾肥。基肥一般施有机肥 1 000 ~ 2 000 千克/亩，五氧化二磷 8 ~ 10 千克/亩，硫酸锌 1 ~ 2 千克/亩；苗期追施氮肥 2 ~ 3 千克/亩，拔节后 5 ~ 7 天施氮肥 10 ~ 12 千克/公顷。

5. 化学调控

高油玉米植株偏高，可达 2.5 ~ 2.8 米，控高防倒是实现高油玉米高产的关键措施之一，在大喇叭口期喷施玉米健壮素 30 毫升/亩或用新型生长调节剂维他灵 1 支/亩喷施。

6. 及时防治病虫害

高油玉米对大斑病、小斑病有较强抗性，但玉米螟发生率较高，可在大喇叭口期用杀螟粒 3 ~ 5 千克/亩或乙敌粉 3 千克/亩进行防治，或用 1% 的呋喃丹颗粒剂 2 千克/亩灌心；在高发生区，可在吐丝期再用药一次，施于雌蕊上，能有效减少损失，确保高产丰收。

7. 收获贮藏

以收获籽粒榨油为主的玉米在完熟期乳线消失时收获；以收

获地上部分作青贮饲料用的可在乳熟期收获。高油玉米不耐贮藏，易生虫变质，水分要降至 13% 以下，温度低于 28℃贮藏，贮藏期间要多观察、勤管理。

四、高淀粉玉米生产技术

（一）高淀粉玉米的特性

高淀粉玉米是指玉米籽粒粗淀粉含量达 74% 以上的专用玉米。根据 GB1353 - 1999 高淀粉玉米标准规定：一等高淀粉玉米的粗淀粉（干基）≥76%、二等高淀粉玉米为≥74%，而普通玉米的粗淀粉含量只有 60% ~ 69%。高淀粉玉米以加工淀粉为主。玉米淀粉不仅自身的用途广，而且还可以进一步加工转化成变性淀粉、稀黏淀粉、工业酒精、食用酒精、味精、葡萄糖等 500 多种产品，广泛用于造纸、食品、纺织、医药等行业，产品附加值超过玉米原值几十倍。

（二）高淀粉玉米栽培技术要点

1. 选用良种

选择优良的高淀粉玉米品种是发展高淀粉玉米生产的第一关键。当前经过省级以上品种审定委员会审定的比较好的高淀粉玉米品种主要有：农大 364、济单 7、金山 12 号、武禾 1、通科 4号、庆丰 969、哲单 21 等晚熟品种，主要适宜在生育期 130 天左右的地区种植；长单 206、费玉 3 号等早熟品种，主要适宜在生育期 110 天以内的地区种植。

2. 合理密植

目前推广的高淀粉玉米品种多属于紧凑型和半紧凑型品种，需靠群体数量实现高产，一般适宜种植密度为 3 000 ~ 3 500株/亩。种植方式可等行距或宽窄行。如等行距种植时，行距 50厘米；宽窄行种植时宽行 60 厘米，窄行 40 厘米，株距依据密度确定。

3. 按需施肥

施足底肥，施优质圈肥1 000千克/亩。追肥量按每生产100千克籽粒需纯氮3千克，五氧化二磷1千克，氧化钾3千克的比例施用；缺锌的地块施硫酸锌1千克/亩。施肥时间和比例为种肥10%、苗肥30%、穗肥40%（大喇叭口期前追施）和粒肥20%（吐丝期追施）。

4. 适时浇水

高淀粉玉米的浇水要因地、因时、因苗。苗期正常生长要求土壤持水量为田间最大持水量的70%左右，播种前有灌溉条件的要浇足底墒水，满足苗期生长的需要；大喇叭口至吐丝期后需要土壤持水量达80%，3周内不能缺水，此时缺水会导致雄穗抽不出来，俗称"卡脖旱"，同时也会减少雌穗的小穗和小花数；粒期田间持水量达到70%左右即可。

5. 适当晚收获

高淀粉玉米以收获籽粒目的，所以应让玉米充分成熟，晚熟期收获，有利于提高粒重和产量。玉米成分成熟的标志是：苞叶枯黄，籽粒坚硬，乳线消失，黑色层出现，籽粒呈现出该品种固有的颜色，此时收获淀粉含量和产量最高。

五、青贮玉米生产技术

（一）青贮玉米的特性

青贮玉米是用于制作青贮饲料的专用品种，其特点是植株高大，茎叶繁茂，营养成分含量较高，产量多为6 000～10 000千克/亩。青贮专用玉米品质好，成熟时茎叶仍然青绿，且汁液丰富，营养价值高，适于喂奶牛、羊、马等家畜，适口性好。蜡熟期的青贮玉米与其他青饲玉米相比，无论是鲜喂还是青贮，都是牛羊的优质饲料。据研究，青贮玉米每亩可产450个饲料单位，而马铃薯、甜菜、苜蓿、三叶草、饲用大麦等作物的饲料单位远不及青贮玉米。

（二）青贮玉米栽培技术要点

1. 品种选择

青贮玉米产量的高低和品种有很大关系，同时也与气候、土壤、水利条件有关。选择品种时要考虑当地的日照时间、积温、降水量、土壤肥力等条件，选择适合本地生长，单位面积青饲产量高的品种。目前生产上推广种植的青贮专用玉米品种有：青饲1号，属早熟种，适宜南方抢茬播种；中农大青贮67，出苗到成熟133天，适宜在北京、天津、山西北部春玉米区及上海、福建中北部种植，丝黑穗病高发区慎用；华农1号，产量高，抗倒伏能力强，适宜在南方种植等。

2. 播种方法

青贮玉米的播种，应根据不同地方的气候和水利条件采取不同的播种方法。

（1）大田直播法　该法适宜于南方气候温暖湿润，降水量充沛的地方。北方在5月上旬气温回升至16~17℃时才可大田直播。

（2）垄作栽培　垄作栽培是在精细整地后起垄，在垄上种植玉米。中等肥力的地块，垄幅30~35厘米，垄顶面宽15厘米，垄高17~18厘米，垄上种一行玉米。

（3）覆膜播种法　在整地后将地膜紧贴地面展平压紧，膜宽120厘米，在两块膜之间留30厘米的裸地，膜的边缘压盖8~10厘米厚的土，每隔2厘米左右横压土腰带，防止被风掀起。沙壤土且春季多风干旱地区，可选用先播种后覆膜的方法，但应注意及时放苗并保证覆膜质量，防止漏盖、膜边覆土压苗和烧苗现象。其他宜选用先覆膜后播种方法，以避免放苗麻烦，但应注意播种孔不宜太小，防止幼苗被覆盖压住而弯曲。如遇雨，封孔土板结，需人工碎土，辅助出苗。

（4）育苗移栽法　适宜于北方气温较低的地方。育苗时间应比当地适宜播种玉米时间提前 20 天，大田移栽苗龄在 20 天左右为宜；目前有软盘（营养钵）育苗和营养块育苗两种方式，育苗在温室或塑料大棚里进行。

（5）免耕播种法 联合收割机在收获小麦的同时将小麦秸秆粉碎还田，在不耕地的条件下用播种机直接在麦茬地里划沟播种玉米，同时将一定的肥水也施入地下。

3. 播种量与播种密度

直播时要求挖穴距离均匀，深浅一致。育苗移栽每兜栽 1 ~ 2 株苗，直播每穴播 1 ~ 2 粒种子。分蘖多穗型青贮玉米品种具有分枝性，故应比单秆品种减少播种量。手播时每亩用种 3 千克，机播时每亩用种 2 千克，育苗移栽时，每亩用种 1 千克左右。分蘖多穗型青贮玉米在高温条件下，分枝性减弱，因此夏播玉米时要适当增加播种量，单秆大穗型青贮玉米品种播量应为每亩用种 3.5 ~ 4 千克。

密度根据品种而定，一般为 400 株/亩左右，行距 60 厘米，株距 25 厘米。

4. 栽培管理

定苗时不要去分枝，封垄前中耕培土，每亩施 5 000 千克有机肥作底肥，苗高 30 厘米时每亩施复合肥 30 千克；大喇叭口期每亩施尿素 24 千克。干旱时浇水，保持土壤持水量 70% 左右。

5. 收获

一般在乳熟期，籽粒含水量在 61% ~ 68%，乳线下降至籽粒的 1/4 ~ 1/2 时收获，收获后及时切碎青贮。

6. 青贮设施

通常有青贮窖、青贮壕、青贮塔和地面堆贮等，青贮设施要求内部表面光滑平坦，四周不透气，不漏水，密封性好。

7. 切碎和填装

用青饲料切碎机将秸秆切成 0.5 ~ 2 厘米，青贮窖底部铺 10 ~ 15 厘米秸秆软草，四周衬一层塑料薄膜。填装时间越短越好。边填料、边压实。压实填料过程中注意清洁，以免污染饲料。有条件时可用真空泵将原料中的空气抽出，为乳酸菌繁殖创造厌氧条件。

8. 密封与管理

压紧后在原料上面盖 10～20 厘米秸秆，后覆盖薄膜，再压 30～50 厘米细土。密封后经常检查是否漏气，并及时修补，防止透气。40～50 天贮藏发酵后，可随取随喂。青贮饲料质量分三级，各级指标参看表 5 - 1。

表 5 -1 玉米青贮饲料质量鉴定等级指标

等级	色泽	酸度	气味	质地	结构
上等	黄绿色至绿色	酸味较多	芳香味	柔软稍湿润	茎叶易分离
中等	黄褐色至黑绿色	酸味中等或较少	芳香稍有酒精味或醋酸味	柔软稍干或水分稍多	茎叶分离困难
下等	黑褐色	酸味很少	臭味	干燥或粘结成块	茎叶粘结一起并有污染

六、优质蛋白玉米（高赖氨酸玉米）生产技术

（一）优质蛋白玉米的特性

优质蛋白玉米也称高赖氨酸玉米，籽粒中氨基酸、赖氨酸和色氨酸含量比普通玉米高 80%～100%，每 100 克蛋白质中含赖氨酸 4～5 克、精氨酸含量高达 30%～50%。优质蛋白玉米所含蛋白质品质高，比普通玉米具有更高的营养价值，且口感好。用其养猪，不仅可以大大节省饲料，而且增重率超过普通玉米 30% 以上。

（二）优质蛋白玉米栽培技术要点

与普通玉米相比，优质蛋白玉米在栽培上要注意以下几点。

1. 隔离种植

优质蛋白玉米是由隐性基因控制的，在纯合情况下才表现出优质蛋白特性。如接受普通玉米的花粉，其赖氨酸含量也和普通

玉米一样。因此，在生产上种植优质蛋白玉米的地块必须与普通玉米隔离，一般相隔 300 米，不让它们相互串粉。如果大面积连片种植，隔离差一点，影响也不大。

2. 选用硬质或半硬质杂交种

与普通玉米相比，优质蛋白玉米杂交种具有更明显的区域性。由于粉质杂交种易感穗粒腐病，多雨地区不宜种植，所以应选用硬质或半硬质胚乳的杂交种，穗粒腐病轻，产量高。

3. 进行种子处理

为防治和减轻病害，播种前要进行选种、晒种和用 25% 粉锈宁可湿性粉剂或 50% 多菌灵可湿性粉剂按种子量的 0.2% 拌种，或用种子量的 2% 种衣剂 13 号包衣，或用"绿风 95" 500 倍液浸种，均有防病增产效果。

4. 精心播种，一播全苗

优质蛋白玉米籽粒结构较松，容易霉烂，幼芽顶土力也差，播种偏深，墒情不佳，土壤板结等都会造成缺苗断垄。因此，在播前要精细整地，做到无坷垃、不板结、墒情适中；播深 3 ~ 5 厘米，及时防治地下虫，确保全苗。

5. 加强田间管理

优质蛋白玉米籽粒较秕，苗期长势弱，因此在施种肥的基础上要早追提苗肥，重施壮秆孕穗肥，补施攻粒肥。同时，要及时中耕除草，防治虫害，及时灌溉和排涝。

6. 及时收晒，妥善贮存

优质蛋白玉米成熟后，籽粒含水量较普通玉米高，要注意及时收晒，以防霉烂。选择晴天收获，收后连晒 2 ~ 3 天，待果穗干后脱粒，以免损伤果皮和胚部。当水分降到 13% 以下时，入干燥仓库贮存。贮藏期间，由于优质蛋白玉米适口性好，易招虫、鼠为害，要经常检查，做好防治。有条件的可在入库前药剂熏库，以防仓库害虫。

第六章 现代玉米生产病虫草害防治技术

玉米在生长发育过程中常受到各种病虫草的为害，造成玉米产量和品质下降。据统计，全国每年仅病虫害就造成约1 000万吨亩的产量损失，占玉米总产量的7%～10%。因此，要提高玉米的产量与品质，必须重视玉米病虫草害的防治。

一、玉米主要病害识别及防治技术

玉米在整个生育期间经常发生的主要病害有玉米大斑病、小斑病、丝黑穗病、弯孢菌叶斑病、黑粉病、青枯病、矮缩花叶病、粗缩病、茎腐病等。

（一）玉米大斑病

玉米大斑病是玉米的重要叶部病害。我国以东北、华北北部、西北和南方山区的冷凉地区发病较重。

1. 症状识别

玉米大斑病往往从下部叶片开始发病，逐渐向上扩展。苗期很少发病，抽雄后发病加重。病菌主要为害叶片，严重时也可为害叶鞘、苞叶和籽粒。发病部位首先出现水渍状小斑点，然后沿叶脉迅速扩大，形成黄褐色或灰褐色梭形大斑，病斑中间颜色较浅，边缘较深（图6-1）。病斑一般长5～20厘米、宽1～3厘米，严重发病时，多个病斑连片，植株枯死。枯死株部腐烂，雌穗倒挂，籽粒干瘪。

2. 防治方法

防治策略以推广和利用抗病品种为主，加强栽培管理，辅以必要的药剂防治。

图 6 - 1　玉米大斑病

（1）种植抗病、耐病品种是防治玉米大斑病的主要措施。如农大 60、登海 11 号、郑单 958 等。

（2）当植株从营养生长过渡到生殖生长时最易受到病菌的侵染，因此加强田间管理，使植株生长健壮，可抵抗病菌的侵染。由于该病发生于中、后期，适当早播可避免病害的流行。

（3）改善栽培技术，实行合理轮作，减少初次侵染源。避免玉米连作，实行玉米大豆间作，或与小麦、花生、甘薯等间作套种。同时搞好田间卫生，及时清除病株和打除底叶。

（4）喷药防治，一般于病情扩展前防治，即在玉米抽雄后，当田间病株率达 70% 以上，病叶率 20% 时开始喷药。用 50% 退菌特 800 倍液，或用 90% 代森锌可湿性粉剂 400 ~ 500 倍液，或用 50% 敌菌灵可湿性粉剂 500 倍液，喷雾 2 ~ 3 次，可达到一定防治效果。

（二）玉米小斑病

玉米小斑病是全世界玉米区普遍发生的一种叶部病害，以温度较高、湿度较大的丘陵区发病较多。一般夏播玉米比春播玉米发病重。

1. 症状识别

玉米从幼苗到成株期均可造成较大的损失，以抽雄期、灌浆期发病重。病斑主要集中在叶片上，一般先从下部叶片开始，逐渐向上蔓延。病斑初呈水渍状，后变为黄褐色或红褐色，边缘色泽较深。病斑呈椭圆形、近圆形或长圆形，大小为（10～15）毫米×（3～4）毫米，有时病斑可见2～3个同心轮纹。

2. 防治方法

选用抗病品种是杜绝发病的根本措施。加强田间管理，玉米收获后彻底清除田间病残体，减少初侵染源，在播种前增施有机肥和磷钾肥，注意排水。适期早播，避开为害关键期，降低发病。发病初期，打掉下部感病病叶，可减轻发病程度。化学防治用50%多菌灵、70%甲基托布津500倍液，或65%代森锌可湿性粉剂500～800倍液喷雾，每隔5～7天喷一次，连喷2～3次，可有效控制病害的发生。

（三）玉米瘤黑粉病

玉米瘤黑粉病是我国玉米极为普遍的一种病害。一般山区比平原、北方比南方发生普遍而且严重。产量损失程度根据发病的时期、发病的部位及病瘤的大小有关，发生早、而且病瘤大，在果穗上及植株中部发病的对产量影响大，减产高达15%以上。

1. 症状识别

植株地上幼嫩组织和器官均可发病，病部的典型特征是产生肿瘤。病瘤初呈银白色，有光泽，并迅速膨大，常能冲破苞叶而外露，表面变暗，略带浅紫红色，内部则变灰至黑色，失水后当外膜破裂时，散出大量黑粉。雌穗发病可部分或全部变成较大肿瘤，叶上发病则形成密集成串小肿瘤。

2. 防治方法

防治策略应采取以种植抗病品种、减少菌源为主的综合防治措施。

（1）农业防治　积极培育和因地制宜地利用抗病品种；秋

季翻地，彻底清除田间病残体，玉米秸秆堆肥时要充分腐熟，在病瘤未变色时及早割除，并带出田外深埋处理；重病田实行 2 ~ 3 年的轮作；合理密植，及时灌溉，尤其是抽雄前后要保证水分供应充足；避免偏施、过量施氮肥，适时增施磷钾肥；发现有玉米螟为害时要及时防虫治病；尽量减少耕作造成的机械损伤。

（2）药剂防治　可选用的种子处理药剂有：50% 福美双可湿性粉剂按种子重量 0.5% 的比例拌种，或 0.1% 401 抗菌剂 1 000 倍液浸种 48 小时；也可选用 35% 菲醌粉剂、或粉锈宁可湿性粉剂等。玉米出苗前可选用 50% 克菌丹 200 倍液，或 25% 三唑酮 750 ~ 1 000 倍液 100 千克/亩进行土表喷雾，消灭初侵染源。在病瘤未出现前喷洒药剂可选用的有 12.5% 烯唑醇、或 15% 三唑酮等。

（四）玉米穗、粒腐病

玉米穗腐、粒腐病是玉米生长后期的重要病害之一，在各玉米产区都有不同程度的发生，该病蔓延快，为害严重，造成玉米减产降质。特别在收获期多雨潮湿，贮藏期通风不良，发病较重。由禾本科镰孢菌、青霉菌、曲霉菌等侵染所引起。曲霉菌中的黄曲霉菌不仅为害玉米，并产生有毒代谢物质，引起人和家畜家禽中毒。

1. 症状识别

主要在果穗和籽粒上发病，被害果穗顶部或中部变色，大片或整个果穗腐烂，病粒皱缩、无光泽、不饱满，并出现粉红色、蓝绿色、黑灰色或暗褐色、黄褐色霉层，即病原菌的菌丝分生孢子梗和分生孢子。有些症状只在个别或局部籽粒上表现。有时籽粒间有粉红色或灰白色菌丝体产生，其上密生红色粉状物，病粒质脆，内部空虚，易破碎。果穗病部苞叶常被密集的菌丝贯穿，粘结在一起贴于果穗上不易剥离。

2. 防治方法

（1）农业防治　选用抗病品种，不同品种间抗病差异很大；

实行 2～3 年轮作或集中烧毁或深埋病残体，减少侵染来源。

（2）药剂防治 ①种子处理。播种前用 2 000 倍福尔马林溶液浸种 1 小时或用 50% 多菌灵可湿性粉剂 1 000 倍液侵种 24 小时能杀死病菌。浸种后用清水冲洗即可播种；②在玉米大喇叭口期每亩用 20% 井冈霉素可湿性粉剂或 40% 多菌灵可湿性粉剂 200 克制成药土点心叶，防治玉米穗腐病，防效 80% 左右，同时可混入杀螟丹粉剂等杀虫剂兼防螟虫；③抽穗期用 50% 多菌灵可湿性粉剂或 50% 甲基托布津可湿性粉剂 1 000 倍液喷雾。每亩用药液 50 千克，重点喷果穗及下部茎叶，隔 7 天再喷 1 次；④发病初期往穗部喷洒 5% 井冈霉素水剂，每亩用药 50～75 毫升，加水 75～100 千克或用 50% 多菌灵悬浮剂 700～800 倍液、50% 苯菌灵可湿性粉剂 1 500 倍液喷施。视病情防治 1 次或 2 次；⑤充分成熟后采收，晾晒后入仓贮存。防止贮藏期间发生该病。

（五）玉米丝黑穗病

玉米丝黑穗病是玉米产区的重要病害，尤其以华北、西北、东北和南方冷凉山区的连作玉米地块发病较重，发病率 2%～8%，严重地块可达 60%～70%，造成严重减产。目前，丝黑穗病由次要病害上升为主要病害。

1. 症状识别

主要侵害玉米雌穗和雄穗。一般在出穗后显症，雄穗染病有的整个花序被破坏变黑；有的花器变形增生，颖片增多、延长；有的部分花序被害，雄花变成黑粉。雌穗染病较健穗短，下部膨大顶部较尖，整个果穗变成一团黑褐色粉末和很多散乱的黑色丝状物；有的增生，变成绿色枝状物；有的苞叶变狭小，簇生畸形，黑粉极少（图 6-2）。偶尔侵染叶片，形成长梭状斑，裂开散出黑粉或沿裂口长出丝状物。病株多矮化，分蘖增多。

2. 防治方法

防治策略应以种子处理为主，及时消灭菌源、采用种植抗病品种等农业措施相结合的综合防治措施。

（1）种子处理 在选择抗病良种的前提下，播前要晒种，选籽粒饱满、发芽势强、发芽率高的种子，再用药剂拌种处理。可选50%多菌灵、或50%萎锈灵每100千克种子用药量为250～350克；也可选用5.5%浸种灵Ⅱ号，每100千克种子用药量为1克。

（2）农业防治 ①杜绝和减少初侵菌源。不从病区调运种子；育苗移栽的要选不带菌的地块或经土壤处理后再育苗，最好在玉米苗3～4片叶以后再移栽定植大田，可有效避免丝黑穗病菌的侵染；及时拔除田间病株能有效地减少土壤中越冬菌源；进行高温堆肥，厩肥充分发酵，杀死病原菌后再施用；切忌将病株散放或喂养牲畜、垫圈等；一般实行1～3年的合理轮作，可有效地控制丝黑穗病的发生和为害；②利用抗病品种是防治丝黑穗病的根本措施，由于丝黑穗病与大斑病的发生和流行区一致，要选用兼抗这两种病害的品种；③调整播期，要求播种时气温稳定在12℃以上，地膜覆盖也可提早播种，但也不可盲目地早播；整地保墒，提高播种质量，一切有利于种子快发芽、快出土、快生长的因素都能减少病菌侵染的机会。

图6-2 玉米丝黑穗病

（六）玉米锈病

玉米锈病为玉米生长中、后期的病害，我国东北、西北、华北、华东、华南及西南地区均有发生。

1. 症状识别

主要侵染叶片，严重时也可侵染果穗、苞叶乃至雄花。初期仅在叶片两面散生浅黄色长形至卵形褐色小脓疱，后小疱破裂，散出铁锈色粉状物，即病菌夏孢子；后期病斑上生出黑色近圆形或长圆形突起，开裂后露出黑褐色冬孢子。

2. 防治方法

（1）选育抗病品种，一般马齿形品种较抗病。

（2）施用酵素菌沤制的堆肥，增施磷钾肥，避免偏施、过施氮肥，提高寄主抗病力。

（3）加强田间管理，清除酢浆草和病残体，集中深埋或烧毁，以减少侵染源。

（4）在发病初期开始喷洒 25% 三唑酮可湿性粉剂 1 500 ~ 2 000 倍液或 40% 多·硫悬浮剂 600 倍液、50% 硫磺悬浮剂 300 倍液、30% 固体石硫合剂 150 倍液、25% 敌力脱乳油 3 000 倍液、12.5% 速保利可湿性粉剂 4 000 ~ 5 000 倍液，隔 10 天左右 1 次，连续防治 2 ~ 3 次。

（七）玉米青枯病

玉米青枯病也叫茎腐病、茎基腐病，全国各地均有发生。一般在玉米灌浆期开始发病，乳熟末期至蜡熟期为高峰期，是一种爆发性、毁灭性的病害，可减产 30% 左右，甚至绝产。

1. 症状识别

玉米灌浆末期常表现为突然青枯萎蔫，整株叶片呈水烫状干枯褪色；果穗下垂，苞叶枯死；茎基部初为水浸状，后逐渐变为淡褐色，手握有空心感，常导致倒伏。

2. 防治方法

青枯病属于土传病害，最有效的防治方法是选用抗病品种。

栽培措施上应注意水肥管理，施足基肥的基础上，在玉米拔节期或孕穗期增施钾肥，可提高植株抗病能力。雨后及时排水，防止透气不良而影响根系活力，预防病害发生。播种前可用 25% 粉锈宁可湿性粉剂，或 70% 甲基托布津可湿性粉剂，有一定防效。在中后期发现感病植株，可用多菌灵 500 倍液或甲霜灵 400 倍液灌根。

二、玉米主要虫害识别及防治技术

玉米虫害严重影响玉米产量，因此必须及时有效地采取措施防治，确保玉米高产、稳产、优质。玉米虫害主要包括地下害虫和地上害虫，地下害虫主要有地老虎、蝼蛄和蛴螬等；地上害虫主要有玉米螟、黏虫、异跗萤叶甲、红蜘蛛和玉米蚜等。

（一）玉米地下害虫及其防治

1. 蝼蛄

蝼蛄俗称拉拉蛄，在我国主要有非洲蝼蛄和华北蝼蛄两种。

（1）为害症状　成虫和若虫在靠近地表处活动，喜欢吃新播的种子，特别是刚发芽的种子。在土中潜行形成隧道，咬断幼苗主根，地表处将幼苗茎叶咬成乱麻状和丝状，使玉米失水而枯死。

（2）防治方法　采用包衣种子和药剂拌种，用 35% 呋喃丹按种子量 1% 进行拌种；毒饵诱杀，用 40% 乐果乳油或 90% 敌百虫晶体 0.7 千克，加入适量水，拌入 50 ~ 70 千克的米糠、豆饼中制成毒饵，于傍晚撒入玉米田中；或用千虫克 1 500 倍液、抖克 2 000 倍液或敌百虫 800 倍液灌根；或设置黑光灯诱杀成虫。

2. 地老虎

地老虎又叫地蚕、土蚕、切根虫。地老虎的种类很多，但经常发生为害的有小地老虎和黄地老虎。

（1）为害症状　地老虎一般以第一代幼虫为害严重，各龄幼虫的生活和为害习性不同。一二龄幼虫昼夜活动，啃食心叶或嫩叶；三龄后白天躲在土壤中，夜出活动为害，咬断幼苗基部嫩茎，造成缺苗；四龄后幼虫抗药性大大增强，因此，药剂防治应把幼虫消灭在三龄以前。

（2）防治方法　地老虎的防治，必须采取诱蛾、除草、药剂、人工防治相结合的措施，才能有效地控制为害。

①诱杀成虫。诱杀成虫是防治地老虎的上策，可大大减少第一代幼虫的数量。方法是利用黑光灯和糖醋液诱杀。

②铲除杂草。杂草是成虫产卵的主要场所，也是幼虫转移到玉米幼苗上的重要途径。在玉米出苗前彻底铲除杂草，并及时移出田外作饲料或沤肥，勿乱放乱扔，铲除杂草将有效地压低虫口基数。

③药剂防治。药剂防治仍是目前消灭地老虎的重要措施。播种时可用药剂拌种，出苗后经定点调查，平均每平方米有虫 0.5 头时为用药适期。

拌种：可用呋喃丹种衣剂拌种，按玉米种子重量 1% 拌种。也可用 50% 辛硫磷乳剂 0.5 千克加水 30～50 升拌种子 350～500 千克。

毒饵锈杀：对 4 龄以上幼虫用毒饵诱杀效果较好。将 0.5 千克90%敌百虫用热水化开，加清水 5 升左右，喷在炒香的油渣上（也可用棉籽皮代替）搅拌均匀即成。每亩用毒饵 4～5 千克，于傍晚撒施。

3. 蛴螬

蛴螬是杂食性害虫，成虫和幼虫均可为害玉米，严重影响产量。

（1）为害症状　蛴螬常咬断玉米根茎，使幼苗枯死，若成株玉米的根系受损，引起严重减产。它的成虫金龟子，在玉米灌浆期危害果穗，特别是玉米苞叶包得不紧的果穗，金龟子成群聚集危害，受害严重的果穗从穗尖往下有 1/3 籽粒被啃食。

（2）防治方法　①农业防治：春季、秋季节进行耕耙，并随犁地时捡拾蛴螬，或将蛴螬翻在地表，通过霜冻和日晒，以减轻翌年为害。②黑光灯诱杀金龟子：多数金龟子有趋光性，在晚上利用黑光灯进行诱杀，可以减轻金龟子对玉米穗籽粒的为害。

（二）玉米地上害虫及其防治

1. 玉米螟

玉米螟是玉米的主要虫害。主要分布于北京、东北、河北、河南、四川、广西等地。各地的春、夏、秋播玉米都有不同程度受害，尤以夏播玉米最重。玉米螟可为害玉米植株地上的各个部位，使受害部分丧失功能，降低籽粒产量。

（1）为害症状　玉米螟幼虫是钻蛀性害虫，典型症状是心叶被蛀穿后，展开的玉米叶出现整齐的一排排小孔。雄穗抽出后，幼虫就钻入雄花为害，往往造成雄花基部折断。雌穗出现后，幼虫即转移到雌穗取食花丝和嫩苞叶，蛀入穗轴或食害幼嫩的籽粒。部分幼虫蛀入茎部，取食髓部，使茎秆易被大风吹折。受害植株籽粒不饱满，青枯早衰，有些穗甚至无籽粒，造成严重减产。

（2）防治方法　防治玉米螟应采取预防为主综合防治措施，在玉米螟生长的各个时期采取对应的有效防治方法，具体方法如下。

①灭越冬幼虫：在玉米螟冬后幼虫化蛹前期，处理秸秆（烧柴）；机械灭茬、白僵菌封垛等方法来压低虫源，减少化蛹羽化的数量。白僵菌封垛的方法是：越冬幼虫化蛹前（4月中旬），把剩余的秸秆垛按每立方米 2 两白僵菌粉，每立方米垛面喷一个点，喷到垛面飞出白烟（菌粉）即可。一般垛内杀虫效果可达80%左右。

②灭成虫：因为玉米螟成虫在夜间活动，有很强的趋光性。所以设频振式杀虫灯、黑光灯、高压汞灯等诱杀玉米螟成虫，一般在 5 月下旬开始诱杀 7 月末结束，晚上太阳落下开灯，早晨太

阳出来闭灯。不但诱杀玉米螟成虫，还能诱杀所有具有趋光性害虫。

③灭虫卵：利用赤眼蜂卵寄生在玉米螟的卵内吸收其营养，致使玉米螟卵破坏死亡而孵化出赤眼蜂，以消灭玉米螟虫卵来达到防治玉米螟的目的。方法是：在玉米螟化蛹率达20%后推10天，就是第一次放蜂的最佳时期，约6月末到7月初、隔5天为第二次放蜂期，两次每亩放1.5万~2万头效果更好。

④灭田间幼虫：可用自制颗粒剂投撒玉米心叶内杀死玉米螟幼虫。第一玉米心叶中期，用白僵菌粉0.5千克拌过筛的细砂5千克制成颗粒剂，投撒玉米心叶内，白僵菌就寄生在为害心叶的玉米螟幼虫体内，来杀死田间幼虫。第二在心叶末期，用50%辛硫磷乳油1千克，拌50~75千克过筛的细砂制成颗粒剂，投撒玉米心叶内杀死幼虫，每亩100~135克辛硫磷即可。第三用自制溴氰菊酯颗粒剂、杀灭菊酯颗粒剂投放在玉米心叶内，每株1~2克。第四在玉米心叶期，用超低量电动喷雾器，把药液喷施在玉米植株上部叶片，杀死为害心叶的玉米螟幼虫。可用药剂为：40%氧化乐果加4.5%高效氯氰菊酯（或2.5%氟氯氰菊酯）或30%速克毙等菊酯类、有机磷类杀虫剂30~50倍液。

2. 黏虫

黏虫是一种具有远距离迁飞和短时间内暴发成灾的毁灭性害虫，俗称行军虫、夜盗虫，全国各地均有分布。

（1）为害症状　主要以幼虫取食玉米心叶或叶鞘为害。食性很杂，尤其喜食禾本科植物。幼龄幼虫时咬食叶组织，形成缺刻，5~6龄幼虫为暴食阶段，蚕食叶片，啃食穗轴。大发生时常将叶片全部吃光，仅剩光秆，抽出的麦穗、玉米穗亦能被咬断。当食料缺乏时幼虫成群迁移为害，老熟后则停止取食。

（2）防治方法　防治黏虫要做到捕蛾、采卵及杀灭幼虫相结合。

①诱捕成虫：利用成虫产卵前需补充营养，容易诱杀在尚未

产卵时的特点，以诱捕方法把成虫消灭在产卵之前。用糖醋液夜晚诱杀。糖醋液配化；糖3份、酒1份、醋4份、水2份，调匀即可。

②诱卵、采卵：利用成虫产卵习性，把卵块消灭于孵化之前。从产卵初期到盛期，在田间插设小谷草把，在谷草把上洒糖醋酒液诱蛾产卵，防治效果很好。

③化学防治：冬小麦收割时，为防止幼虫向秋田迁移为害，在邻近麦田的玉米田周围以2.5%敌百虫粉，撒成4寸宽药带进行封锁；玉米田在幼虫3龄前以20%杀灭菊酯乳油15～45克/亩，对水50千克喷雾，或用5%灭扫利乳油、或2.5%溴氰菊酯乳油、或20%速灭杀丁乳油1 500～2 000倍液防治。2.5%敌百虫晶体1 000～2 000倍液、或10%大功臣2 000～2 500倍液喷雾防治，效果都很好。

④生物防治：低龄幼虫期以灭幼脲1～3号200毫克/千克防治黏虫幼虫药效在94.5%以上，且不杀伤天敌，对农作物安全，用量少，不污染环境。

3. 异跗萤叶甲

玉米异跗萤叶甲又名玉米旋心虫，俗称玉米蛀虫。成虫体长5毫米左右，头黑褐色，复眼发达、黑色。鞘翅颜色有绿色、棕黄色2种，具光泽。该虫以卵在土中越冬，翌年6月下旬幼虫开始为害，7月上中旬进入为害盛期。

（1）为害特点 幼虫从玉米苗近地面的茎部或茎基部钻入，虫孔褐色，常造成枯心苗，受害重的幼苗死亡。在玉米幼苗期幼虫可转移为害，幼苗长至30厘米左右后，害虫很少转株为害，多在一株内为害。幼虫为害期约45天。7月中下旬幼虫老熟，在土中1～2厘米处作土茧化蛹。7月下旬成虫陆续羽化。成虫啃食玉米叶肉，只留一层表皮，严重时造成花叶。成虫惧光，上午10：00至下午17：00时躲在玉米心叶或玉米叶片背面。该虫为害可造成减产10%左右，严重地块可减产20%～30%。

（2）防治方法　①每亩用25%西维因可湿性粉剂或用20%敌百虫粉剂1~1.5千克，拌细土20千克，搅拌均匀后，在幼虫为害初期顺垄撒在玉米根周围，杀伤转移为害的幼虫。②发现幼虫为害或田间出现花叶和枯心苗时，用40%辛硫磷乳油1 000~1 500倍液灌根。③用90%晶体敌百虫1 000倍或80%敌敌畏乳油1 500倍液喷雾防治，每亩用药液60~75千克。

4. 红蜘蛛

玉米红蜘蛛学名玉米叶螨，主要有截形叶螨、二斑叶螨和朱砂叶螨3种。近年在我省玉米田普遍发生，已成为为害玉米的主要害虫。

（1）为害特点　玉米叶螨在叶背吸食，被害玉米叶片轻者产生黄白斑点，以后呈赤色斑纹；为害加重时出现失绿斑块，叶片卷缩，呈褐色，如同火烧，直至整叶干枯，损失极为惨重。一般下部叶片先受害，逐渐向上蔓延。红蜘蛛为害后会影响玉米营养物质的运输，千粒重降低，造成玉米种子的产量和品质下降。

（2）防治方法　①常规农业技术措施：深翻土地，将螨虫翻入深层土中，可减轻为害；及时彻底清除田间、地埂渠边杂草，减少玉米红蜘蛛的食料和繁殖场所，降低虫源基数，防止其转入田间；避免与豆类、花生等作物间作，阻止其相互转移为害。②预测预报，适时开展化学防治：力争将玉米红蜘蛛控制在扩散前的点片发生阶段。喷雾，重点为中下部叶片。可选用15%扫螨净3 000倍液、20%扫利乳油2 000倍液、40%氧化乐果1 000~1 500倍液，或15%扫螨净与40%氧化乐果按1∶1比例的混合液，也可用20%螨死净胶悬剂3 000倍加20%螨克乳油2 000倍的混合液。

5. 玉米蚜

玉米蚜俗名麦蚰、腻虫、蚁虫，分布在东北、华北、华东、华南、中南、西南等地。

（1）为害症状　玉米蚜在玉米苗期群集在心叶内，刺吸为害。随着植株生长集中在新生的叶片为害。孕穗期多密集在剑叶内和叶鞘上为害。边吸取玉米汁液，边排泄大量蜜露，覆盖叶面上的蜜露影响光合作用，易引起霉菌寄生，被害植株长势衰弱，发育不良，产量下降。

（2）防治方法　①农业防治：铲除田间杂草减少虫源；拔除中心芽株的雄穗，减少虫量。②药剂防治：用40%氧化快乐果3 000倍液或用50%抗蚜威可湿性粉剂15～20克/亩对水50～75千克/亩喷雾。也可用40%乐果乳剂原液1 000克/亩加水5～6千克/亩，在被害玉米的茎基部，用毛笔或棉花球蘸药涂抹。③利用天敌：玉米蚜虫的天敌主要有蚜茧蜂。

三、玉米主要草害识别及化学除草技术

杂草对玉米的为害是很大的。首先表现为杂草和玉米争夺生活空间，争夺阳光，并能消耗大量的水分和养分，杂草多时可严重影响玉米的产量；其次，有些杂草是某些病虫的越冬场所和寄主，因此杂草还是一些病虫害的传播媒介。

（一）玉米地的主要杂草

玉米田杂草发生普遍，主要由禾本科草和阔叶草组成。常见的禾本科杂草有稗草、狗尾草、马唐、牛筋草等一年生杂草；常见的双子叶杂草有藜、苋菜、马齿苋、铁苋菜、龙葵、荠菜、小旋花、田旋花、苣荬菜、车前、刺菜、苘麻、蓼、葎草、苍耳、野西瓜、野豆子等。

（二）玉米地杂草发生规律

1. 春玉米田杂草发生规律

由于春玉米播种时气温较低，玉米前期生长缓慢，田间空隙大，极有利于杂草的发生。自玉米播种后杂草就开始发生，几乎是玉米杂草同步生长；随着气温上升，杂草的发生进入高峰，降雨或灌水可加快杂草的发生，易于形成草荒；而干旱可导致玉米出苗相对不整齐。不同栽培管理条件下，玉米田杂草发生种类和数量不同；不同耕作条件下，单子叶杂草、双子叶杂草及总杂草发生的趋势基本一致。杂草群落也均以单子叶杂草为主，但是少耕条件下杂草发生的数量高于免耕及常规耕作，降雨对杂草的出苗有较大的影响，一般降雨后，田间会出现一次出杂草高峰。

2. 夏玉米田杂草发生规律

夏玉米田主要杂草有马唐、牛筋草、稗草、马齿苋、反枝苋、田旋花、藜、画眉草、绿狗尾、香附子等。田间杂草以晚春性杂草为主如马唐、反枝苋等，它们一般在日平均气温15℃左右开始出土，至日平均气温25℃以上达到出苗高峰，以后随着气温升高及降雨量加大，杂草出苗数增加，日平均气温30℃达最高峰。为抢时早播夏玉米，小麦收获后，保留田间麦茬直接播种玉米，大部分农田小麦收获前已经有一部分杂草出土，这部分杂草在麦收后不整地的情况下"转嫁"到玉米田，而夏玉米播种前后正值高温多雨的季节，由于杂草在出苗上的时间优势及与玉米竞争的空间优势，这部分杂草及玉米播种后与玉米同时出土的杂草形成庞大的杂草群落，在玉米出苗前就对其生长构成了威胁。

（三）玉米地杂草的防治方法

1. 农业防治

农业防治是指通过加强动植物检疫、种子精选、轮作、施用腐熟有机肥料等措施防治杂草。

（1）加强种子检疫　种子是杂草传播、蔓延和发生的主要原因，新的杂草种子传入某一地区，对该地区杂草群落的演替及防除起着很大作用。在玉米的春播、夏播或与小麦套播前，要精选种子，清除掉混在玉米种子里的杂草种子。为防止危险性杂草种子从国外传入和在国内各种植区之间扩散，对杂草种子的识别及检疫研究日渐受到重视，这在杂草的综合防治中起到了预防为主的重要作用。

（2）农作措施除草　深翻土壤，在麦茬玉米播种前，将麦地里已出土的杂草深翻，可消灭表土中的杂草，可使得草籽失去活力。连续免耕，又没有好的控草措施，无疑会加重杂草发生，但免耕使杂草种子集中在表土层，促进了表土层草籽出土和深层草籽休眠，再配合有效的杂草控制措施，可以使土壤种子库的杂草种子量减少，数年后杂草为害降低。

合理轮作能降低作物伴生杂草的发生，一年一季玉米连作，大狗尾草发生严重，玉米—大豆—小麦轮作时，因小麦秸秆能分泌抑制大狗尾草出苗的异株克生物质，比连年种植玉米时大狗尾草密度降低。轮作还可以使不同杀草谱的除草剂交替使用，在一定程度上减缓了玉米田杂草群落演替和抗性杂草出现。

用作物秸秆覆盖均可在一定程度上控制杂草，在玉米播种后用上茬小麦残体400千克/亩覆盖土壤表面，可以使杂草的密度降低30%~50%。在玉米苗生长过程中，定期清洁农田环境，人工清除田边或田里的杂草。

2. 化学防治

常用的施药方法主要有播种前及播种后的土壤处理和生长期的茎叶处理。除草剂既有单用，又有混用，如果使用不当，不仅除草效果不理想，浪费药剂，而且还会对当季或后茬作物造成严重药害。目前，在玉米上除草剂的使用方法有两种，即播种后出苗前土壤处理和出苗后的茎叶处理。

（1）播后苗前土壤处理　土壤处理是将除草剂在水中搅匀喷洒到土壤表面或用细土拌匀撒施到田间，在土壤表层形成药层，杀死出土的杂草幼苗。在玉米播种后、出苗前将除草剂喷洒于土壤表面，是目前应用最广泛的一种除草方法。可用的除草剂种类很多，如72%2,4-D丁酯乳油每亩50~100毫升；或用50%西玛津可湿性粉剂、50%阿特拉津粉剂，春玉米用量400克/亩，夏玉米用量150~200克/亩；或用乙阿合剂，即86%乙草胺150毫升/亩加40%阿特拉津150毫升/亩加水75千克进行喷雾。

使用这类除草剂应注意：一是种植地块要平整，无大坷垃，无作物根茬；二是严格掌握用药量，不得随意加大药量，如阿特拉津粉剂不能超过 150 克/亩；三是必须掌握施药时期，播种后尽快喷药，一般在播后 2～3 天施药，以免影响出苗；四是除草剂在使用时土壤要保持湿润，最好在小雨过后喷施，若土壤干旱，用水量要达 75 千克/亩；五是使用前要充分摇匀原液，再进行二次稀释，以保证药液均匀喷到地面上，并且在喷药时保护好地面形成的药膜，不论用车还是人工喷雾都要使药液从后面喷出，以保证除草效果。

（2）出苗后茎叶处理　茎叶处理可使用选择性除草剂，即可以同时喷在杂草和玉米上；使用非选择性除草剂，只能直接喷在杂草上，而不能喷在玉米上。喷药要求雾滴细密均匀，单位面积用药量准确，要选择天气晴朗、无风、气温较高时进行，避免重喷和漏喷。玉米出苗后 4～6 片叶，杂草长到 2～4 片时将除草剂直接喷洒于杂草叶片或全株。可选用的除草剂有：40% 阿特拉津胶悬剂每亩用 175～250 毫升；或 80% 草净津可湿性粉剂每亩用 100～150 克；或 80% 伏草隆可湿性粉剂每亩用 100 克。进入拔节期后，可用 72% 2，4-D 丁酯乳油每亩用 50～100 毫升喷雾。

喷药时，一定要喷均匀，避免重喷或漏喷。若杂草草龄过大，要使用草甘膦或百草枯灭生性除草剂，在播后苗前与土壤封闭性除草剂混用，既可杀死已长出来的草，又可封闭灭草。在玉米出苗后使用，要采用定向喷雾，防止喷到玉米植株上。

3. 除草剂使用技术

玉米田主要杂草种类繁多，化学除草要选择合适的除草剂。如果使用不当，会造成除草效果不好或产生药害。

（1）选用除草剂品种必须对路。先弄清楚田间杂草种类，选择适宜除草剂。使用前，对除草剂的特性、杀菌谱、适用作物范围有一个详细了解，才能保证好的除草效果。例如阿特拉津残效期较长，若玉米与小麦轮作，玉米收获后接着种小麦，而小麦对阿特拉津反应敏感，用药过量易导致小麦死苗，所以生产上一般将阿特拉津与其他除草剂混用。

（2）化学除草剂的效果与土壤表层的含水量、气候条件关系很大。土壤湿润除草效果好，土壤干旱则除草效果不佳。所以当土壤墒情不足时，不要在播后勉强喷药，等玉米出苗后，待下雨或灌溉补足墒后再喷药，以保证良好的除草效果。气温高，药效发挥好，除草效果佳，注意用药量适量减少，以防发生药害。

（3）避免伤害周围的作物。如 2,4-D 丁酯，对玉米、高粱、谷子均可在出苗后 4～5 叶期施药，但棉花和大豆对该除草剂却是敏感的，对邻地种棉花和大豆的，使用要慎重。要求专用喷雾器，以防产生药害不当，施药时最好不要再大风天气进行，防治除草剂漂移到敏感作物上造成药害。

（4）化学除草剂一般都具有毒性，故在喷药过程中尽量避免除草剂与身体的接触，完成喷药后，要用清水洗手、洗脸和更换衣服。

第七章 现代玉米收获及加工技术

一、玉米收获与贮藏技术

（一）普通玉米的收获与贮藏技术

1. 玉米成熟与收获时期的确定

玉米的成熟需经历乳熟期、蜡熟期、完熟期3个阶段。

（1）乳熟期　自乳熟初期至蜡熟初期为止。一般中熟品种需要20天左右，即从授粉后16天开始到35～36天止；中晚熟品种需要22天左右，从授粉后18～19天开始到40天前后；晚熟品种需要24天左右，从授粉后24天开始到45天前后。此期各种营养物质迅速积累，籽粒干物质形成总量占最大干物重的70%～80%，体积接近最大值，籽粒水分含量为70%～80%。由于长时间内籽粒呈乳白色糊状，故称为乳熟期。可用指甲划破，有乳白色浆体溢出。

（2）蜡熟期　自蜡熟初期到完熟以前。一般中熟品种需要15天左右，即从授粉后36～37天开始到51～52天止；中晚熟品种需要16～17天，从授粉后40天开始到56～57天止；晚熟品种需要18～19天，从授粉后45天开始到63～64天止。此期干物质积累量少，干物质总量和体积已达到或接近最大值，籽粒水分含量下降到50%～60%。籽粒内容物由糊状转为蜡状，故称为蜡熟期。用指甲划时只能留下一道划痕。

（3）完熟期　蜡熟后干物质积累已停止，主要是脱水过程，籽粒水分降到30%～40%。胚的基部达到生理成熟，去掉尖冠，出现黑层，即为完熟期。

因玉米与其他作物不同，籽粒着生在果穗上，成熟后不易脱落，可以在植株上完成后熟作用。因此，完熟期是玉米的最佳收获期；若进行茎秆青贮时，可适当提早到蜡熟末期或完熟初期收获。正确掌握玉米的收获期，是确保玉米优质高产的一项重要措施。完熟期后若不收获，这时玉米茎秆的支撑力降低，植株易倒折，倒伏后果穗接触地面引起霉变，而且也易遭受鸟虫为害，使产量和质量造成不应有的损失。玉米是否进入完全成熟期，可从其外观特征上看：植株的中、下部叶片变黄，基部叶片干枯，果穗苞叶成黄白色、而松散，籽粒变硬、并呈现出本品种固有的色泽。

2. 玉米安全贮藏的要求

玉米收获后，应按品种、质量分类，在籽粒含水量小于13%，粮温不超过30℃，于干燥、冷凉的环境中贮藏。玉米安全贮藏要求仓库干燥，通风凉爽，又便于密封，防潮隔热性能好。入库前将仓库清洁，保证无虫。籽粒在库内应按品种、质量分类，进行散装或包装堆放。贮藏期间要定期检查种子含水量，发现籽粒发热时，应立即翻仓晾晒。有的地方常利用玉米带穗搭架贮藏，可以减轻玉米的霉变发热，贮藏性能好。

（二）甜、糯玉米的收获与贮藏技术

1. 甜、糯玉米的采收

普通玉米是在成熟期收获果穗脱粒，以籽料作饲料、工业原料和粮食。而甜、糯玉米则是在乳熟期采收鲜果穗，直接供应市场或速冻保鲜及加工各类罐头销售。为保证甜、糯玉米的食味品质，对采收期的时间要求十分严格，如采收过早，籽粒太嫩、水溶性多糖（WSP）含量低，风味差，产量也低。若采收过迟，籽粒老化，果皮厚，甜度下降，风味也差。只有在适宜的采收期采摘，甜、糯玉米才具有甜、嫩、黏、脆的特点，以及营养丰富、品质佳的市场需求优势。

（1）甜玉米采收适期 乳熟期是甜玉米鲜食和加工采收的

关键时期。乳熟期是指甜玉米果穗籽粒的胚乳中的内含物，由清浆已逐渐变为乳白色的浑浆，并随着糖分向糊精的转化，胚乳变成如面团形状，用手指轻轻地掐籽粒不冒浆水，而是黏稠的半固化乳状物，可视作采收适时的形态标准。最简单的判断方法是直观形态法，具体做法是：一看果穗，苞叶基本呈绿色，果穗顶部花丝完全变成深褐色并未干萎；二掐籽粒，用手指掐果穗中上部籽粒，不冒出清浆，而是在籽粒表皮留下明显的指痕；三是品尝籽粒，即用手指剥下数颗籽粒，品尝甜味。品尝生、熟两种鲜穗，如被品尝是不同类的样本，每品尝一类后要用净水漱口，再进行另一类样本的品尝，并按甜、中等甜、不甜 3 种级差，记录甜味等级。这一方法要靠实践经验，把握采收适期的尺度，是一种简而易行的鉴别方法。

（2）糯玉米采收适期　糯玉米食用品质是与其籽粒所含的支链淀粉密切相关，在高温条件下支链淀粉转化较快，果皮也易变厚。糯玉米的适宜采收期，主要由食味决定，最佳食味期就是最适宜的采收期。对于用作鲜穗上市，或用作加工的果穗来说，正确地把握适期采收，是保证糯玉米达到高产和良好商品品质的关键。确定糯玉米的采收适期的方法，也可采用直观形态法，具体特征是：植株茎叶仍为青绿色，果穗花丝全变为深茶褐色，果穗苞叶稍微呈黄绿色。籽粒内胚乳随着失水，由糊状开始为蜡质状，故称蜡熟期。籽粒呈现该品种固有的形状和颜色，果皮硬度用手指仍可掐破，但指痕不明显。以上形态特征可视为鲜食糯玉米采收适期。

2. 甜、糯玉米的贮藏

甜、糯玉米采摘下来的鲜果穗应尽早出售或加工，特别注意在运输和短暂贮藏时保持通风冷凉的环境，以保证品质。一般糯玉米比甜玉米较耐运输和贮藏。

二、玉米加工技术

（一）甜玉米加工及贮藏方法

甜玉米穗除直接供应市场外，需要迅速加工，以保持甜玉米的高含糖量和鲜嫩程度。甜玉米产品有甜玉米罐头、速冻甜玉米、脱水甜玉米、甜玉米饮料等。

1. 甜玉米罐头

加工甜玉米罐头的主要设备有真空封罐机、蒸汽夹层锅、高压灭菌锅等。工艺技术要点：

（1）原料　要求采收成熟度适中的甜玉米穗，颗粒柔嫩饱满。

（2）剥皮、去丝　要求将外皮和穗丝去除干净。

（3）脱粒　是工艺中重要环节，采用机器脱粒，操作时要及时调整刀具中心孔基准，保证甜玉米粒完整，并及时清理脱粒机。

（4）清洗　要洗去碎的甜玉米粒及残留的穗丝、杂质。

（5）预煮　是加工的关键工序，目的是抑制甜玉米中酶活性及杀菌，并保持甜玉米特有色泽。一般可将甜玉米粒放入90~95℃的水中煮约5分钟。接着是装罐、注汤汁、真空封罐、37℃保温检验、贴标、成品入库等工序。目前甜玉米罐头仅有企业标准，国家标准尚未制定。

2. 速冻甜玉米粒

速冻甜玉米粒前一部分与加工甜玉米罐头相近。预煮后的甜玉米粒经振动沥水，再进入速冻工序。冻结时要在极短的时间内通过0~5℃这一最大冰晶生成带，蒸后继续降温经速冻机速冻的甜玉米粒中心温度一定要达到-18℃以下，以利贮藏和运输。称量包装、检验、装箱等工序均在10℃以下的包装间进行。最后送入-18℃的低温库中贮藏，待售。

3. 甜玉米穗的贮藏

甜玉米穗不耐贮存，生产单位一般当天采收，当天加工。如果加工速度跟不上，可将甜玉米穗送入冷库贮藏，贮藏温度以0~4℃为好。含糖量快速下降和种皮变厚是甜玉米采收后品质劣变的主要现象，原因是呼吸作用消耗糖以及糖向淀粉转化两方面。据文献报道，在0℃下能保鲜6~8天，若改变贮藏环境的氧气和二氧化碳气体浓度，可有效地延长甜玉米的保鲜期。气调保鲜方法，包括塑料薄膜包装和多聚糖涂膜等。由甲壳素获得的壳聚糖，由于其良好的成膜性和生化特性，能防止腐败，又不会引起缺氧呼吸。它本身无毒、无味，又易分解，已成为果蔬保鲜的一种较理想的涂膜材料。

（二）糯玉米加工及贮藏方法

糯玉米采收后通过降低贮存温度、缩短贮存时间来控制鲜玉米果穗的呼吸强度，可达到降低糖分降解速率、保证鲜玉米高品质的目的。由于鲜糯玉米的保鲜难度大，货架寿命短，保鲜产品注重一个"鲜"，强调一个"快"，因此要求原料从采收至杀菌完毕必须在8小时内完成，每一道工序都要抓紧时间。

1. 速冻和真空保鲜糯玉米果穗

将当天采收的带苞叶果穗剥去最外面的1~2层，去须去柄切去秃顶和病虫危害部分，然后清洗，蒸煮12分钟左右，用流动冷水冷却。水煮后沥干水分或加电风扇吹干。根据市场需要选用不同规格的塑料袋封装单穗、双穗或多穗，立即在-30℃以下速冻5~6小时，然后转入-10℃左右的冷库中冷藏，待随时出售。也可以将处理好的果穗直接进行真空包装，然后在常温下保存。经速冻或真空包装后的糯玉米，只需稍加温便可食用，可保持糯玉米原有的形态、色泽与风味，并满足在非生长季节人们对鲜食玉米的需求。

采收后的果穗要及时加工，不能久放，最好是当天采收当天加工，以保持糯玉米的新鲜香味和营养价值。工艺流程：鲜果穗→去苞叶→清洗（擦干）→水煮→冷却→沥干→封装→速冻→冷藏。

2. 糯玉米籽粒罐头

用糯玉米籽粒制作罐头，其适宜的硬度高与甜玉米，加工脱粒方便，破碎粒少，便于贮运，口味较佳，省工省料，效益较高。

糯玉米果穗采收后，先将苞叶和花丝去掉，然后用清水漂洗干净，经95℃预煮10分钟或100℃蒸汽蒸15分钟，完成定浆过程。蒸煮后用清水及时冷却，使穗轴温度降到25℃以下，捞出沥干。手工或机械脱粒，脱下的籽粒用40℃温水漂去浆状物、碎片、花丝及胚芽。然后装罐，装罐时玉米粒重与汤汁（20%的蔗糖水或清水）重量的比例一般在1：0.45左右。在53~60千帕、100℃下排气30分钟后封灌，118℃下杀菌处理20~30分钟，即为成品。工艺流程为：原料→去苞叶→预煮→脱粒→装罐→配汤料→排气封灌→灭菌→成品。

3. 糯玉米羹罐头

加工工艺与整粒罐头基本相同。但代替脱粒工序的是切粒刮浆，然后在玉米糊中加相当于玉米糊重量70%的水、5%的砂糖和1%左右的精盐搅拌均匀，预煮1~2分钟后装罐。

4. 糯玉米饮料

在追求杂粮细吃的今天，许多消费者酷爱食用青穗玉米，但其青食时间短暂。将青穗糯玉米制作成饮料，不但保持了糯玉米原有的鲜美风味，还保持了糯玉米原有的营养成分，食之有助于预防胆固醇上升、减少动脉硬化、心肌梗塞等其他心血管疾病的发生，解决了糯玉米青食的季节性问题。

（1）采收原料　授粉后22~26天的糯玉米皮薄、味美，用于制作饮料最适宜。采收时间为凌晨低温时进行，采收后须立即进行整理或送冷库速冻保藏，以免夏秋季节气温较高引起变质。

（2）整理　采用人工或使用玉米苞衣剥除机除去苞衣、穗须，用高压水进行冲洗。

（3）分级　剔除采收时混入的不合加工要求的果穗。

（4）铲籽　用往复式玉米铲籽机切下籽粒，并刮去玉米轴上残留的浆液。

（5）打浆、细磨　切下的玉米籽及刮取的浆液经加入 5 倍重的水用打浆机打浆，筛孔直径为 0.5 毫米，除去玉米轴碎片及其他杂物。然后再用胶体磨进行细磨转入搅拌缸中待用。

（6）配料配方（供参考）　玉米浆 10 千克，白砂糖 1.5 千克，柠檬酸 12 克，复合乳化剂 40 克，异维生素 C 钠 1 克，乙基麦芽酚 1.5 克。调配方法：将粉末状稳定剂拌入砂糖中加温水溶解制成糖水，然后再将玉米浆与糖水、乙基麦芽酚等其他辅料调配，加水定容后用柠檬酸调整 pH 值为 3.8。

（7）均质　将调配好的混合液预热至 70℃，用高压均质机均质 2 次（均质机启动后压力逐渐调整至 25 兆帕，第二次压力为 15 ~ 20 兆帕，温度为 65 ~ 70℃）。

（8）排气、灌装、杀菌、冷却　将浆液进行真空脱气，真空度为 0.06 ~ 0.08 兆帕，温度为 60 ~ 70℃。用灌装压盖机组定量灌装并封口，然后送入杀菌锅中进行加热杀菌。杀菌完毕迅速投入流水中冷却或喷淋冷却，使温度尽快降至 40℃以下。

（9）检测、贴标、装箱　待灌装容器外侧擦干或吹干后进行检测，合格者贴上标签进行装箱即为成品。

5. 用于酿造

糯玉米可以用来酿造白酒、黄酒和啤酒，不仅出酒明显高于普通玉米，而且产品质量、色泽和风味均大幅度提高，可以替代糯稻。

6. 加工淀粉和淀粉糖

以糯玉米为原料生产支链淀粉，省去了分离和变性工艺，从而大幅度提高淀粉产量和质量，降低生产成本，提高经济效益。支链淀粉是一种优质淀粉，其膨胀系数为直链淀粉的 2.7 倍，加热糊化后黏性高，强度大，可作为多种食品工业产品和轻工业产品的原料。我国支链淀粉需要量大，而且主要靠进口，因此用糯玉米为原料生产支链淀粉具有较好的市场发展前景。另外，利用糯玉米淀粉生产淀粉糖，可以简化工艺流程，更利于用酶法制糖取代酸法制糖，提高产品质量和产量。

（三）其他玉米加工技术

1. 普通玉米的加工利用

玉米是大宗谷物中最适合作为工业原料的品种，其加工空间大，产业链长，具备多次加工增值的潜力，被誉为"软黄金"。

（1）玉米淀粉　玉米淀粉的提取，其中最重要的步骤就是将玉米籽粒的各个化学成分进行有效分离—湿磨是目前玉米淀粉生产的唯一有效的方法。由于玉米籽粒硬度较大，因此首先要将其浸泡软化，以便于以后磨碎，并且在中间还要添加二氧化硫，利用它的性质，破坏包裹在淀粉表面的蛋白质网膜。然后通过一系列工艺过程，实现胚芽、纤维、麸质等的分离，最后剩下玉米淀粉，但由于湿淀粉不耐贮存，易变质，因此还必须利用一些方法迅速干燥，主要的脱水方式有：机械脱水、加热脱水、冷冻脱水。玉米淀粉经深加工后可得到许多产品，主要有以下几种：

①淀粉糖：淀粉糖在制药、饮料、食品中有很广泛的应用，主要有：全糖、低聚糖、结晶葡萄糖、果葡糖浆、食用葡萄糖浆、麦芽糖、麦芽糊精等产品。

②淀粉化学加工制品：主要有变性淀粉和玉米淀粉塑料以及高吸水树脂。其中变性淀粉是玉米淀粉深加工的最新动向和最具潜力的产品，而玉米淀粉塑料和高吸水树脂是国内正在开发和研究的新产品。

③食用糖醇的生产：它是淀粉氢化的产物，具有代表性的产物有山梨醇和麦芽糖醇，他们进一步加工可生产表面活性剂、食品添加剂、油漆和牙膏等。

④淀粉发酵制品：如酒精、柠檬酸、酶制剂、赖氨酸、味精

等各种产品。其中用于酒精生产的淀粉最多。它主要是用淀粉糖化和葡萄糖三羧酸循环来完成的，在此过程中会有大量的玉米酒精糟液残留，这些糟液用途又主要集中于 3 个方面：一是生产沼气，糟液继续通过厌氧发酵产生沼气，提供一定数量的能源；二是用作饲料酵母培养基，它可有效改善饲料的质地、色泽、促进牲畜的消化吸收；三是用作酱油生产。

⑤生产人造肉和人造鸡蛋：人造肉是以玉米淀粉为原料加入一种霉菌，加入肉味剂发酵制成，这种人造肉营养丰富，易消化；人造鸡蛋是以玉米淀粉、牛奶、维生素、各种盐、矿物质加工而成，非常适宜老年人和心血管病人食用。

（2）副产品再次利用 由上面的工艺可知，玉米淀粉的生产只利用了籽粒的 49%，因此可以说，利用率较低，如何充分利用这一资源，将成本降到最低度，收益争取达到更高，目前主要有以下几种利用途径：

①玉米浸泡液的利用：由于玉米籽粒中的大部分可溶性成分在浸泡工序中都溶解于浸泡液中，一般浸泡液中含干物质 6.7%，其中包括可溶性多糖、可溶性蛋白质、氨基酸、肌醇磷酸等。从浸泡液中可提取植酸制取制取玉米浆。玉米浆既可以用作饲料，又可用作抗生素的提取。

另外，利用从淀粉乳中分离蛋白质时得到的黄浆水可生产出蛋白粉，玉米蛋白粉可当做饲料，也可提取醇溶蛋白、玉米黄色素和氨基酸等。

②玉米皮渣的利用：利用玉米渣的主要途径是作饲料，主要有以下几种方式：直接利用湿皮渣作饲料、干燥后生产配合饲料、利用玉米皮渣制饲料酵母。

③玉米淀粉副产品深加工的产品除以上几种外，还有食用氢化油、玉米蛋白酱、糖醋等。

（3）玉米食品加工 由于玉米含有特殊抗癌因子谷胱甘肽以及丰富的胡萝卜素和膳食纤维等，因此，利用现代食品工程技术生产多种多样的玉米食品。

①玉米薄片方便粥的加工：利用挤压技术使玉米产生一系列质构变化，并使其糊化，这样能赋予产品特殊的香味，并且在挤压膨化基础上进行粉碎造粒，压制成片，可制成复水性极好的玉米薄片粥，用水浸泡即可得到现成的玉米粥。

②玉米方便面的加工：采用湿法磨粉与挤压自熟的有效配合，可直接生产碗装或袋装的不需要油炸的玉米方便面，产品复水性好，口感好，面条韧滑且带有玉米特殊的口味，是极其市场潜力的方便食品。

③玉米饮料加工：玉米胚是玉米中营养价值最好的部分，集中了84%的脂肪，83%的矿物质，22%的蛋白质和65%的低聚糖，以玉米胚为原料加工的玉米饮料营养丰富，酸甜可口，具有特殊玉米清香口味，它的加工工艺流程为：玉米胚→浸泡→磨浆→胶磨→调配→均质→脱气→灌装→杀菌。

④玉米酿制啤酒：用玉米来代替大麦酿酒，其品质与酒精体积分数为11%的大麦啤酒相当，并且成本低廉。

2. 爆裂型玉米的加工

爆裂型玉米在加热时可自动爆炸，爆裂型玉米花开头如同雪花一样，无渣，遇液体极易溶解，是一种高纤维、低热量的休闲食品。

3. 高赖氨酸玉米的加工

主要用于玉米食品的加工，弥补了普通玉米的营养缺陷，可以起到保健作用，对青少年的成长有很好的助长作用，主要产品有：玉米片，它可以像虾一样经过油炸，作为零食；玉米米，它是以去胚、去皮的细米面为原料膨化而成的人造米。

4. 高油玉米的加工

由于它含油量比一般玉米高8.2%以上，且含有61.9%的亚油酸，对消除体内的自由基，预防一部分疾病有良好疗效，因此国际上称之为保健油。

5. 黑玉米加工

（1）可制成各种风味罐头。

（2）黑玉米的轴、须、根、叶、粒都是常用中药。如玉米籽粒可调中开胃，益肺宁心，玉米须有健胃利尿之功效。

（3）可制成黑玉米保健粉　它的主要特点为：蛋白质含量高，被称为"黑色蛋白营养粉"；含硒量高，被称为"富硒营养粉"，它还可进一步被加工制成"黑玉米糕点"、"黑玉米面包"、"黑玉米米"。

（4）黑玉米保健醋　通过微生物作用进行糖化、液化、醋化等一系列工艺，最终得到富含多种营养成分的保健醋。

第八章 现代玉米机械化生产技术

近年来，我国玉米生产机械化呈现出良好发展态势。目前，我国玉米耕、播环节机械化问题已经基本解决，全国玉米机耕水平达84%，机播水平达73%，但由于玉米收割机产品质量不够稳定、产品价格较高、农艺与农机不配套等因素，劳动量大的玉米收获环节机械化水平仅为17%，是玉米乃至粮食生产机械化中最薄弱的环节。

按照国务院提出的到2020年玉米机收水平达到50%的目标，研究制定分阶段、分地区发展计划，因地制宜，分类指导，突出重点，梯度推进。要加快黄淮海和东北地区玉米收获机械化发展，千方百计把玉米机收提高到一个新水平。到2015年，山东、河南玉米机收水平力争达到80%，河北力争达到50%以上，辽宁、吉林、黑龙江力争达到50%以上。其他省区也要提出目标要求，力争取得突破性的新进展。

玉米机械化生产的总体目标是2015年达到60%以上；2020年达到70%，主产区解决收获机械化问题，基本实现玉米生产机械化。

玉米生产前过程机械化技术包括播前整地、播种、植保、田间管理和收获等环节。其中播前整地、灌溉、中耕、植保可采用通用机械作业，玉米生产机械化所特有的或者对其具有制约的作业环节主要是玉米机播、收获及收获后耕地等环节。

一、玉米整地机械化技术

我国玉米旱地机械化耕作常规以铧式犁翻耕模式为主，其中有平翻和垄作两类。垄作集中在东北高寒地区，传统上使用三角犁铧起土成垄，铧过之处成沟，种子播在垄台的湿土上，并通过苗期耥地培土，加高垄台，增大受光面积以提高地温抗寒。西北干旱地区传统上采用垄沟播种法抗旱和减少风蚀。大部分旱地区用平翻法，铧式犁翻耕后再用耙、耱、压等措施碎土覆盖保墒。

（一）玉米根茬的处理技术

小麦、玉米一年两作地区，玉米收获后要连续进行茬后作物（小麦）的播种作业。玉米根茬如不破碎，将影响耕翻整地质量，还田后不能尽快腐烂，形成大块坷垃或架空，妨碍小麦播种。可采用耕翻埋压或用根茬粉碎还田机进行机械粉碎还田作业。

耕翻作业可采用铧式犁完成，粉碎还田作业可采用手扶拖拉机（单行）或轮式、履带式拖拉机配套 2～4 行灭茬机完成。粉碎还田作业技术要求：①漏切率不大于 3%，粉碎的长度不大于 5 厘米，大于 5 厘米长的根茬数量不得超过根茬总量的 10%，站立漏切根茬不得超过根茬数量的 0.5%；②工作部件入土深度不低于 10 厘米；③碎茬与土壤混笑　匀，地表细碎平整；④作业后应保持原有垄形。

（二）玉米秸秆的处理技术

玉米秸秆的处理采用机械粉碎还田。使用玉米联合收获配套的秸秆粉碎装置或专用机具，将摘穗后直立的玉米秸秆粉碎抛撒在地表，随耕翻作业埋入土中，经过一系列物理化学变化，达到疏松土壤、消灭病虫害、增加有机质、改良土壤理化性状、培肥地力、提高产量、减少环境污染、争取农时的目的。

秸秆粉碎还田技术要求：①趁秸秆青绿时进行粉碎还田作业，此时秸秆内水分、糖分较多，利于腐解，培肥地力；②施肥。一般每亩还田 500 千克秸秆时，需补施 20～40 千克速效氮肥或 10～15 千克尿素；③粉碎长度小于 10 厘米；④深埋使秸秆与肥土混拌均匀，并深埋于距地表 20 厘米以下土层；⑤整地。

整地机械主要有旋耕机和驱动滚齿耙，可根据土壤条件选择，为播种创造条件；⑥浇水。消除土壤架空。

（三）玉米的保护性耕作技术

保护性耕作与传统耕作的最大差别在于取消了铧式犁翻耕，地面保留大量的秸秆残茬作为覆盖物，并在秸秆覆盖地上免（少）耕播种，实现保水、保土、保肥，减少作业成本，增加粮食产量。多年研究和推广保护性耕作技术的实践证明，实施保护性耕作的关键技术包括秸秆与表土处理技术、免（少）耕播种技术、杂草及病虫害防治技术、深松技术。这4项技术的实施，靠人畜力很难完成，必须采用机械化的技术手段，才能保证各项作业的质量，进而保证保护性耕作技术效益的发挥。因此，保护性耕作亦被称为机械化保护性耕作。

本节主要介绍秸秆与表土处理技术和深松技术。

1. 秸秆覆盖技术

前茬作物收获后，保留前茬作物根茬与秸秆覆盖地表，是保护性耕作技术的特征之一。秸秆残茬的覆盖方式与保水、保土、保肥的效果有密切关系。应根据各地具体情况，选择适合当地条件的秸秆覆盖量。

2. 表土处理技术

表土处理是指收获后至播种前用机械对表层土壤进行的耕作（少耕），包括用圆盘耙、弹齿耙、浅松机等进行的表土10厘米以内的作业，以达到平整土地、除草等目的。适当表土处理是保证保护性耕作充分发挥效益的重要作业环节。

目前，可供选择的地表处理农艺有耙地、浅松和浅旋等。

（1）耙地　可选用圆盘耙或弹齿耙进行。耙地作业的主要作用是将粉碎后的秸秆部分混入土中，防止在冬季休闲期大风将粉碎后的秸秆刮走或集堆，有利于秸秆覆盖状态的保持。另外，耙地还有平整地表、灭除杂草等作用。

（2）浅松　浅松是利用具有表土疏松、除草等功能的松土铲，从地表下 5 ~ 8 厘米处通过，表层土壤和秸秆从松土铲表面流过，并经过镇压轮或镇压辊镇压，获得平整细碎的种床。实现平地、除草、碎土等功能。

（3）地表浅旋耕 地表浅旋耕（5 厘米）是目前不少推广保护性耕作的地区选择的处理农艺。对平整地表、粉碎并将秸秆与土壤混合、除草等有很好的效果。旋耕处理地表时深度必须控制在 5 ~ 8 厘米，不可过深，更不能多次旋耕。

3. 深松技术

深松技术是利用深松铲疏松土壤、打破原有多年翻耕形成的犁底层、加深耕层而不翻转土壤、适合旱地农业的保护性耕作技术之一。深松能够调节土壤三相比，改善耕层土壤结构，提高土壤蓄水抗旱的能力。目前我国使用的深松机按工作部件不同可分为间隔深松机、V 形全方位深松机和振动式深松机等。

二、玉米播种机械化技术

（一）玉米精（少）量播种机械化技术要点

玉米精（少）量播种机械化技术是指通过机械将玉米种子按照农艺要求定量、定位播入土壤，以达到减少种子用量。特点是一穴一粒，一般不需要人工间苗，节省间苗工，实现高效栽培技术。

玉米精（少）量播种机械化技术是整套的综合栽培技术措施，包括培肥地力，选用适宜良种，适期播种，化肥深施，合理运用水、肥、光照及中耕、深松等多种技术措施。

1. 使用范围

适用于水、肥、土、光条件较好，基础产量较高的地块。

2. 播前准备

对一年两熟制地区，在前茬作物收获后要及时耙茬或深松播种，对于墒情差的地块，要浇好出苗水，保证全苗。对一年一熟制地区，要先进行深耕整地。深耕25厘米以上。深耕后，根据土质情况，可先用旋耕机旋耕，后用钉齿耙耙透，做到地面平整，上虚下实。对于东北等进行垄上播种的地区，在整地的同时要起好垄，为来年播种做好准备。

3.选用优良品种

选用抗倒伏、抗病、优质、高产稳产的玉米杂交种。播种前要对种子进行清选、包衣并进行发芽率实验。

4.播量

播量应按品种特性、基本苗、播期及田间成苗率计算。各地在实际播种时，根据实际情况和农艺要求，灵活掌握，一般每亩播量仅供参考，精（少）量播种首先要保证基本苗满足玉米高产栽培要求。

5.行距

玉米行距一般60~70厘米，以利于机械化收获。

6.及时查苗补苗

玉米出苗后1周内要对苗情进行检查，发现缺苗断垄的，应及时移栽补苗。

7.技术状态检查调整

播前对精（少）量播种机技术状态进行检查调整，使播种机达到正常工作状态。

8.试作业

播种机经检查调整后，在正式播种前还必须进行田间试播。因为在田间作业中，整地质量、土壤墒情、机器振动、地形变化、地轮转动滑移，都会对播种质量产生影响，还要通过试播检查播量、株距、播深、覆土效果及播种均匀性等是否符合要求，如不符合要求还要进行调整。

（二）玉米免耕播种机械化技术

玉米免耕播种机械化技术是指小麦收获后不经耕地，使用玉米播种机直接播种玉米的一项机械化技术，特点是播种前不耕整土地。玉米免耕播种机械化技术有直播、秸秆覆盖播种和套播3种方式，玉米直播、免耕覆盖播种和套播由于地表条件不同，使用的播种机也有所不同。

1. 玉米免耕播种机械化技术的优点

玉米免耕播种机械化技术是保护性耕作技术的主要内容之一，它的最大优点：一是在地里直接播种玉米，不耕整地，节省了农时和作业成本，满足了玉米生长对积温的要求，有利于后期灌浆和成熟；二是与人工播种相比，机械播种均匀、深浅一致，覆盖严密，保证密度；三是由于不耕地，可以减少土壤水分蒸发量，有利于保墒促全苗；四是由于有大量的农作物残茬和秸秆覆盖地表，有抑制杂草、减少水土流失，蓄水保墒，增加土壤肥力的作用。

2. 玉米免耕直播和免耕覆盖播种机械化技术要点

（1）前茬的基础准备　免耕直播作业，要求小麦在收获时尽可能使用带秸秆切碎装置的联合收割机，留茬高度不超过20厘米。对于小麦收获后秸秆未切碎抛洒且成条铺放的，播种前要使用秸秆还田机进行粉碎或用捡拾机转移，以利于播种作业。同时，小麦畦式种植要兼顾玉米免耕播种作业幅宽，并做到畦面平整，以利于播种机作业和玉米出苗期及生长期浇水。土壤含水量17%～19%时，出苗快，出苗率高。土壤墒情差时应浇水后播种，或播后浇水。

（2）选用良种　夏玉米品种应选择生育期较短、抗逆性强的中早熟优质杂交种。种子应进行精选，纯度不低于97%，发芽率不低于85%，含水率不大于13%。

（3）播期的确定　采用玉米免耕直播和免耕覆盖播种方式，播期一般应在6月上旬，小麦收获后及时播种。

（4）播深、行距、株距的确定　播种深度应根据墒情而定，一般要求在5～6厘米；行距60厘米，等行距，有利于玉米联合收割机收获作业。播种行距和株距的确定，必须以保证玉米单位面积的成苗数为前提，行距宽，株距密，一般株距要求在 20 ~ 30 厘米。

（5）侧施种肥　根据各地经验，种肥的最佳配比和用量是：磷酸二铵 10 ~ 15 千克/亩，硫酸钾 3 ~ 6 千克/亩；缺锌的地块可在磷酸二铵上喷附硫酸锌，500 克/亩。要使用带有施肥装置的播种机侧深位施种肥，防止烧种，深度一般在 5 ~ 10 厘米。

（6）播种机的检查调整　播种前，应按照不同的作业方式选择机具，并根据产品使用说明书对玉米播种机的相关部位进行调整。

（7）播种机田间作业的正常操作　播种时，应保证机具匀速前进，严禁中途倒退或忽快忽慢，随时注意观察播种机各机构的工作状况，发现故障及时排除，保证作业质量。播种出苗后，对苗情进行检查，发现有出苗不匀和缺苗断垄的，要及时进行间苗、补苗，以保全苗。

3. 玉米套播机械化技术要点

（1）前茬的基础准备　套播作业时，前茬作物（小麦）种植时要求预留种植行，预留行距一般为 30 ~ 53 厘米，以利于机具通过，套种行的宽度和行数必须保证小麦和玉米单位面积的成苗株数，不能因预留套种行而减产。土壤含水率不足 14% 的，要求浇小麦灌浆水，以保证在套播玉米时能够足墒下种。

（2）选用良种　选择抗病和抗逆性强、生育期长的高产品种，合理密植。一般选用紧凑型或半紧凑型品种。播种前对种子进行清选、拌种和发芽试验。

（3）播期的确定　高产田一般选择在小麦收获前 7 ~ 10 天套种，中低产田一般选择在小麦收获前 10 ~ 15 天套种比较适宜，最长不超过 20 天。在 7 ~ 15 天的共生期内，玉米处于苗期 2 ~ 3 片叶子。

（4）播量的确定　一般机械化套播播量为 2 ~ 3 千克/亩。地力、肥力较好的地块，播量应适当大一点；大穗（或平展型）

品种应适当播稀一些，中穗（或紧凑型）品种应适当播密一些。

（5）播深、行距的确定　一般开沟深度不小于 5 厘米，种子应播到距地表 3～5 厘米处，覆盖良好。墒情好的可适当浅播，墒情不好可适当深播。

（6）机具播种前的准备　播种前，应按照农艺要求选择机具，根据产品使用说明书对玉米套播机的相关部位进行调整，进行试播。通过试播，检查调整播深一致性和排种均匀性，播量、行距、株距等是否能满足农艺要求。不符合要求的要进行调整。

（7）播种机作业的正常操作　播种时，应保证机具匀速前进，随时注意观察播种机的排种和开沟覆土状况，发现故障及时排除。播种出苗后，检查苗情，发现有出苗不匀和缺苗断垄的，要及时进行人工间苗、补苗，以保全苗。

（三）玉米地膜覆盖播种机械化技术

玉米地膜覆盖播种机械化技术主要是在春玉米种植区，为了适时早播，争得农时，使用玉米地膜覆盖播种机械完成覆膜及播种的一项机械化技术。特点是播种前需要耕整土地，播种后再覆膜或播种和覆膜同时完成。

1. 玉米地膜覆盖播种机械化技术的优点

玉米地膜覆盖播种机械化技术具有明显的优点：一是可以选用生长期较长的高产玉米品种；二是具有明显的增温作用，能有效地利用太阳光；三是具有明显的保墒和抑制杂草的作用；四是能够高产，一般增产幅度在 30% 以上。该项技术比较适合在年积温比较偏低的西北地区和高寒山区种植春玉米时推广应用。

2. 玉米地膜覆盖播种机械化技术要点

（1）机械覆膜播种对地块的要求　选择地块较长，地力中等以上的平地或 5°～10° 的缓坡地。覆膜前进行整地，松土层大于 10 厘米，土壤疏松细碎，无残茬，无坷垃及其他杂物，地面平整，上虚下实。雨水较多易涝或有灌溉条件的地区，以垄作较好，起垄高度为 7～10 厘米；旱地以平播为好。覆膜前应施足底肥。

（2）机械覆膜播种对种子的要求 由于地膜玉米加速了生育进程，在品种选择上应掌握其生育期比当地露地玉米生育期长10～15天，所需积温为150～300℃，植株叶片应多1～2片叶的抗病、抗逆性强的高产品种。播种前要对种子进行清选、拌农药和发芽试验。

（3）机械覆膜播种对地膜的要求 地膜应是单幅成卷的，并有芯棒支撑。地膜幅宽一般应是覆盖土床面（埂、垄）宽度再加上20～30厘米。覆盖玉米的地膜以线型微膜为好，其厚度为（0.007±0.002）毫米，宽幅一般为70～80厘米，密度为0.92克/立方米。

（4）机械覆膜播种前的准备

①确定播期：春玉米一般在4月10～20日播种，地膜玉米的播种会比当地正常播期相对早一些，一般当地表土层温度达到9～10℃时即可播种。

②确定播量、行距和播深：地膜玉米一般133厘米一带，窄行33～40厘米，宽行93～100厘米，平均行距为66.5厘米。产量水平在600～700千克/亩，平展型品种株距26～25厘米，每亩株数3 800～4 000；紧凑型品种株距22～24厘米，每亩株数4 200～4 500。对先播种后盖膜的，播深4厘米为宜，深浅要一致；对先盖膜后打孔播种的，一般播深4～5厘米，膜孔直径2～3厘米。

（5）播种机作业的正常操作 机具使用应按农艺要求和使用说明书进行正确安装、调整。覆膜中心线应与牵引的动力中心线重合，开沟器，压膜轮，覆土器等均应调整对称。两开沟器的开沟深度及角度应调整一致，两压膜轮的压力调整一致，间距与两开沟器间距适应，压膜轮外缘与地膜边缘对齐。两覆土器的深浅、角度的调整可根据土质、风力而定。如沙壤土、风力较大，可深些，角度大些；风力较小，可减少覆土量，以增大采光面。

调整后要实地试播，确实达到要求再投入使用。

三、玉米田间管理机械化技术

玉米田间管理包括间苗、补苗、田间中耕、追肥、除草、行间深松、施药防治病虫草害、灌溉、排涝等作业环节，既可单独进行，也可联合作业。目前，我国玉米生产中田间管理的大部分作业环节已基本实现了机械化，尚有间苗、补苗结合锄草等环节仍以人工作业为主。

（一）中耕追肥作业

中耕作业主要指玉米生长期间除草、松土、破表土板结、培土起垄或与上列作业同时进行的追肥。追肥的施用应按当地农时来进行，一般分中耕追肥、施拔节肥、孕穗肥等，后期还要依据作物长势施叶面肥料。

1. 中耕作业的农艺技术要求

基本要求是锄净杂草、松土并施化肥。中耕后土壤疏松而不粉碎，不翻乱土层，土表平整以减少土壤水分蒸发；培土起垄后，垄形规整，沟底留有落土，避免机械伤苗。每次伤苗、压苗率不超过1%；追肥以垄沟施肥为主，与中耕作业同步进行，做到深趟沟，浅覆土，多回土。化肥施在垄沟表土下8~12厘米深处，覆土厚度不少于8厘米，与苗距离10厘米以上。

2. 中耕机械的使用技术

中耕作业的目的是疏松土壤、消除杂草。根据不同用途配装不同部件，以完成除草、起垄、深松、施肥作业。

在中耕第一遍时要调整好行距以免伤苗，由于此时玉米苗弱小，作业速度要慢些。对于土壤较硬的地块，在犁铧前部应加松土铲。第一遍中耕深度要在15厘米以上，为以后中耕打下基础。

中耕追肥作业一般是在中耕第三遍时进行垄沟追肥，要将施肥铲调整到正对垄台或苗眼位置，将施肥管放在中耕铧的后部，让肥料流入垄沟底部。追肥深度靠回土量决定，一般回土量要达到8～10厘米，时机上要选择在雨前或土壤湿度适中的情况下进行。

（二）夏玉米行间深松覆盖作业

1. 夏玉米行间深松覆盖作业机具的选用

通常采用拖拉机牵引或悬挂深松机进行作业。选用单柱式深松机，如1LSZ-2型深松机、1SF-2型施肥镇压深松机、1SZ-360型振动深松机、1S-5型深松机等。

2. 作业技术要点

（1）深松时机最好为玉米苗期5～6叶片时，并赶在伏雨来临之前进行。对密植矮秆的玉米品种，其深松时机也不要超过7个叶片。因为过早易动土埋苗，过迟则伤根造成后期发育不良而减产。

（2）深松间距应与当地玉米种植行距相同，60～90厘米。

（3）深松后随即进行镇压和秸秆覆盖，以保墒和抑制杂草滋生。镇压强度在350～450千克/平方厘米。秸秆覆盖厚度为3～5厘米。

（4）第二年免耕播种要错行，作物和行间深松相对于前一年移位，使土壤虚实状态轮流变化，各处的养分能充分为作物所吸收。

（三）植物保护作业

植物保护机械简称植保机械，主要用于喷施杀虫剂以防治作物虫害，喷施杀菌剂以防治作物病害，喷施化学除草剂以防治杂草，喷施植物生长调节剂促进果实生长或防止果实脱落，喷施液态肥对作物进行叶面追肥，喷施落叶剂以便于机械收获等。

玉米生长到7～8月时，进入需水、需养分高峰期。在天气高温干旱时叶面喷施玉米生长需要的各种微量元素，如农家宝、中华大肥王、黄叶灵、活性锌、活性铁等微肥，有突出明显的抗旱、抗病、增产效果。有条件的地区可根据不同微肥的使用说明进行喷施。

可选用的机具有：①东方红－18型背负式弥雾喷粉机，自带动力和风机，可进行弥雾、喷粉等项作业；②泰山牌3WF-2.6背负式机动喷雾喷粉机，主要特点是风机效率高，风压、风量及整机噪声，射程等性能优，且极具功率大，功率调节范围宽；③W-ZHB400型植保喷雾机，这是为小四轮拖拉机配套的机具，能喷射各种激素，液态肥、乳剂、乳油、可湿性粉剂等，结构简单，操作方便。生产中主要用于喷洒除草剂，苗期喷洒防虫、防腐药剂；④大中功率拖拉机牵引或悬挂式喷雾喷粉剂，配备有高压液泵和风机，由拖拉机动力输出轴驱动，具有长喷杆、吊挂喷杆等喷洒部件，可以进行液态农药、除草剂喷洒作业，也可喷施可湿性粉剂。

（四）灌溉与排涝

1. 灌溉

玉米应按不同品种的农艺需水要求适时灌溉，机械灌溉方式主要有喷灌、行走式灌溉等。

（1）喷灌　喷灌是利用一种专用的机械设备，将压力水经过喷头射到空中形成雨滴，比较均匀地喷洒到作物和地表面，为作物生长提供必要水分条件的一种节水灌溉方法。在山地、丘陵地区采用喷灌较之地面灌溉有突出的优越性。目前在我国丘陵山区使用最为普遍的是轻小型移动式喷灌机组。

（2）行走式节水灌溉机具　玉米种子出苗后，如果天气持续干旱，幼苗出现萎蔫时应及时补水，可使用行走式节水苗期灌溉机具。在作物生长中后期枝繁叶茂，需水量比播种期和苗期大，但此时多数作物生长的较高，拖拉机以无法下地作业，可在天边道路上用行走式喷淋灌溉集对作物施水。常用的行走式节水灌溉机具有牵引式苗侧开沟灌溉机、悬挂式苗侧开沟灌溉机、牵引水车式喷淋灌溉机等。

2. 排涝

遇有自然降水过多造成的内涝或洪水泛滥造成的外涝时，应及时排出田间多余的积水，防止根系被沤烂影响玉米的正常生长。排涝工具主要是农用水泵，利用电动机或柴油机带动，将涝水排出田间。

四、玉米收获机械化技术

玉米机械化收获技术是在玉米成熟时根据其种植方式、农艺要求，用机械装置来完成摘穗、输送、集箱、秸秆处理等生产环节的作业技术；或者说，玉米机械化收获是指利用机械装备对果穗收获、秸秆田间处理的一种机械化收获技术。主要有玉米分段收获机械化技术、玉米联合收获机械化技术、玉米秸秆青贮机械化技术、玉米秸秆还田机械化技术和玉米收获后耕整地机械化技术。

（一）玉米分段收获机械化技术

玉米分段收获机械化技术是在低温多雨或需要抢农时种下茬作物的地区，在茎秆和籽粒含水率较高、苞叶青湿并紧包果穗的情况下，所采用的先摘穗、剥皮晾晒，直至水分下降到一定程度时再脱粒、秸秆切段青贮或粉碎还田的分段收获技术。可避免因籽粒过湿脱粒而导致籽粒大量破碎或损伤的问题。

1. 主要技术模式

（1）人工摘穗＋秸秆处理模式　工艺流程：人工摘穗→人工或机械剥皮→脱粒→秸秆处理4个分段环节。

（2）机械摘穗＋秸秆处理模式　工艺流程为：机械摘穗→剥皮→脱粒→秸秆处理4个分段环节。

2. 技术要点

玉米分段收获应按以下要求进行：①收获前对玉米倒伏程度、果穗成熟情况进行调查，并提前制定收获计划。②采用机械摘穗作业前先进行试作业，达到农艺要求后，方可投入正式作业。目前分段收获机均为对行收获，作业时要对准玉米收获行，以便减少落穗损失，提高作业效率。③作业前，适当调整摘辊间隙，以减少啃果落粒损失；作业中，注意果穗采摘、输送、剥皮等环节的连续性，以免卡住、堵塞或其他故障的发生；随时观察果穗箱的充满程度，以免果穗满箱后溢出或造成果穗输送装置的堵塞和故障。④正确调整秸秆还田机的作业高度，以保证留茬高度小于 10 厘米。⑤如安装灭茬机时，应确保灭茬刀具的入土深度，保证灭茬深浅一致，以保证作业质量。

（二）玉米联合收获机械化技术

玉米联合收获机械化技术是在玉米成熟时，根据其种植方式、农艺要求，实现切割、摘穗、输送、剥皮、集箱、穗茎兼收或秸秆还田的作业过程。简言之，玉米联合收获机械化是指利用机械装备对果穗收获、秸秆田间处理的一种联合作业方式。

1. 主要技术模式

（1）机械摘穗＋秸秆粉碎还田模式　工艺流程：机械摘穗→输送集箱→秸秆粉碎还田 3 个连续作业环节。

（2）茎穗兼收模式　工艺流程：机械摘穗→输送集箱→秸秆收集 3 个连续作业环节。

2. 技术要点

为保证玉米果穗的收获质量和秸秆处理的效果，减少果穗及籽粒破损率，玉米联合收获应按以下要求进行：①收获前对玉米倒伏程度、密度和行距、果穗的下垂度、最低结穗高度等情况，做好田间调查，并提前制定收获计划。②提前 3~5 天对田块中的沟渠、垄台予以平整，并对水井、电杆拉线等不明显障碍设置标志，以利安全作业。③作业前，适当调整摘辊间隙，以减少啃果落粒损失；作业中，注意果穗升运过程中的流畅性，以免卡住、堵塞或其他故障的发生；随时观察果穗箱的充满程度，以免果穗满箱后溢出或造成果穗输送装置的堵塞和故障。④正确调整秸秆还田机的作业高度，以保证留茬高度小于 10 厘米。⑤如安装灭茬机时，应确保灭茬刀具的入土深度，保证灭茬深浅一致，以保证作业质量。

目前生产中应用数量最多的是悬挂式玉米联合收获机。这类机型是与拖拉机配套使用，现在开发生产的有悬挂式 1 行至 3 行的 3 种机型，可分别与小四轮及大中型拖拉机配套使用，按照其在拖拉机上的安装位置又可分为正置式和侧置式两种，正置式的悬挂式玉米联合收获机不需要人工割道，与大中型拖拉机配套应用较多。

（三）玉米秸秆青贮机械化技术

玉米秸秆青贮机械化技术就是将蜡熟期玉米通过青贮机械一次性（或分段完成）完成摘穗、秸秆切碎，然后将切碎的秸秆即刻入窖，直接或者通过氨化、碱化等处理后进行密封，经过 40～50 天厌氧发酵，将秸秆中能被消化吸收的纤维素和不被吸收的木质素切断，从而提高秸秆的消化利用率，增加秸秆的粗蛋白含量。此项技术的应用有利于提高功效，降低劳动强度，实现适时收获，降低能耗，提高青贮饲料质量等优点。

1. 青贮技术技术模式

建立青贮窖/池→玉米秸秆适时收获切碎→装池→洒水和掺入青贮添加剂→压实→封盖塑料膜压土密封→发酵（40～50 天）→喂养牲畜。

2. 技术要点

（1）控温和厌氧　青贮料的温度最好在 25～35℃，此温度乳酸菌大量繁殖。温度过高出现过量产热，抑制乳酸菌繁殖，而助长了其他细菌增殖，使用全青贮失败，青贮料会变臭，养分也会大量流失。

（2）控制原料水分　原料中水分过高，会影响青贮料的适口性，原料含水量一般在 50%～75% 较为适宜，同时最适宜乳酸菌繁殖。

原料中必须要有适量的糖分，才有利于乳酸菌的繁殖，一般要求 3% 即可。

（四）玉米秸秆还田机械化技术

玉米果穗收获后，机械粉碎玉米秸秆；或机械联合收获，同时粉碎秸秆，补施氮磷肥后深耕翻埋，整地后播种小麦。该技术适宜南北方玉米产区。

1. 主要技术模式

（1）人工掰棒→还田机械粉碎秸秆抛洒地面→施肥（补氮）→旋耕或耙地灭茬→深耕整地→播种小麦→浇水塌实。

（2）联合收获→秸秆粉碎抛洒地面→施肥（补氮）→旋耕或耙地灭茬→深耕整地→播种小麦→浇水塌实。

2. 技术要点

（1）及时收获　玉米成熟后及时收获秸秆粉碎还田。秸秆含水量较高时粉碎还田效果好（最适宜含水量 70% 以上），此时秸秆中的养分能充分利用，并易腐烂。切碎后秸秆长度一般要求在 3~6 厘米，防止漏切。

（2）增施氮肥　秸秆还田后进行补氮，除应正常施底肥外，每亩增施碳铵 12 千克，将玉米秸秆碳氮比由 80∶1 补到 25∶1。

（3）旋耕或耙地灭茬　用旋耕机作业 1 遍或重耙 2 遍，在切碎根茬的同时将秸秆、化肥与表层土壤充分混合。旋耕深度为 8~12 厘米。

（4）深耕整地　耕地深度大于 25 厘米，耕后耙透、镇实、耢平。通过耕翻、压盖，消除因秸秆造成的土壤架空，为播种创造条件。

（5）播前浇水　由于玉米秸秆在土壤中腐解时需水量较大，如不及时补水，不仅腐解缓慢，还会与麦苗争水。因此，小麦播种前要浇足踏墒水，以消除土壤架空，促进秸秆腐烂。冬前要浇好封冻水，这对当季秸秆还田的冬小麦尤为重要。春季要适时早浇返青水，促进秸秆腐烂，同时保证麦苗正常生长所需的水分。

参考文献

［1］刘京宝，王振华，唐保军等．高产玉米新品种与规范化栽培技术［M］．郑州：中原农民出版社，2008

［2］侯振华．玉米栽培新技术［M］．沈阳：沈阳出版社，2010

［3］曹敏建．玉米标准化生产技术［M］．北京：金盾出版社，2009

［4］薛世川，彭正萍．玉米科学施肥技术［M］．北京：金盾出版社，2009

［5］农业部农民科技教育培训中心．优质玉米生产技术［M］．北京：中国农业大学出版社，2007

［6］金诚谦．玉米生产机械化技术［M］．北京：中国农业出版社，2011

［7］王其存，齐晓宁，汪洋等．论玉米高产栽培的土壤培肥基础［J］．农业系统科学与综合研究，2003（11）：313~315

［8］马耀，罗金平，黄丽超等．舞阳县夏玉米生产的气象灾害及防御对策［J］．现代农业科技，2010（8）：315

［9］范军，赵晓臣．对玉米病虫害的种类及其防治措施的探讨［J］．中国新技术新产品，2008（18）：166

［10］黄超．玉米田杂草的发生特点及防除技术［J］．现代农业科技，2010（7）：205~206